AF217956

1

Strichliste

2

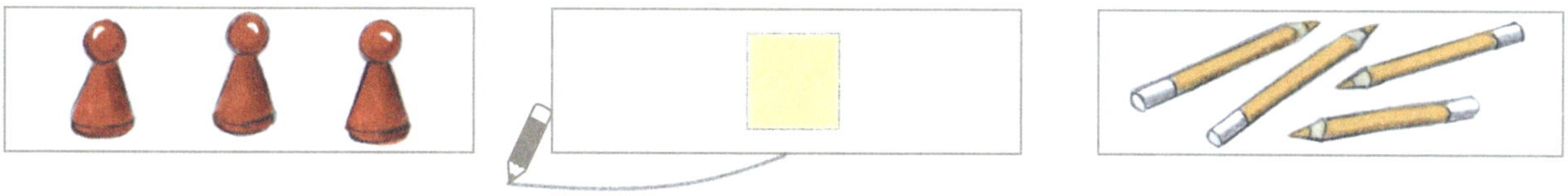

| 1 | 2 | 3 | 4 | 5 | 6 |

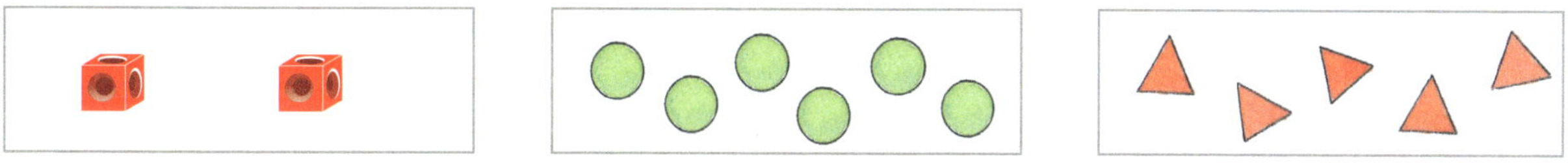

1

links   rechts

Links ⬤ oder rechts ⬤ ? Male an.

2

← nach links   nach rechts →

1 Male an.

2 Male Figuren mit gleicher Lage an.

3 Was fehlt? Male dazu.

1

1 1 1 1 1 1 1 1 1 1 1

2

2 2 2 2 2 2 2 2 2 2 2

3

2   1

Die Zahlen 3 und 4

1

3 3 3 3 3 3 3 3 3 3 3 3 3

2 Immer **3**.

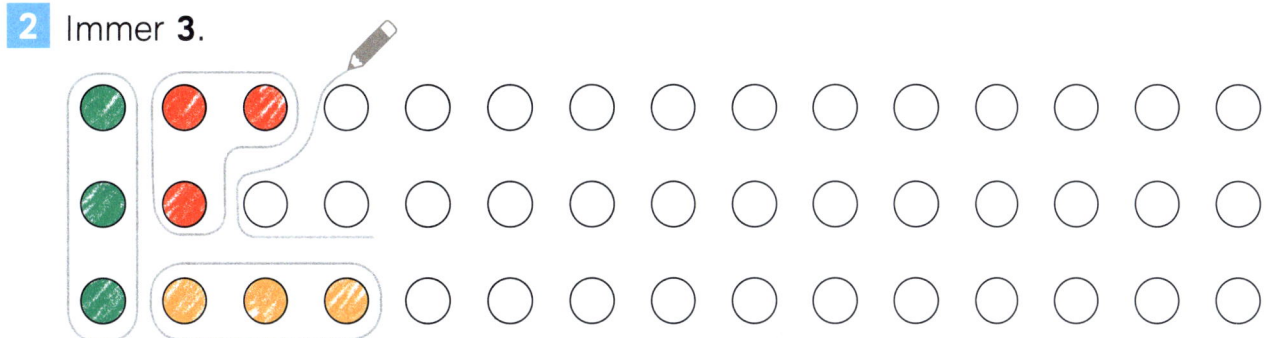

3

4 4 4 4 4 4 4 4 4 4 4 4

4 Immer **4**.

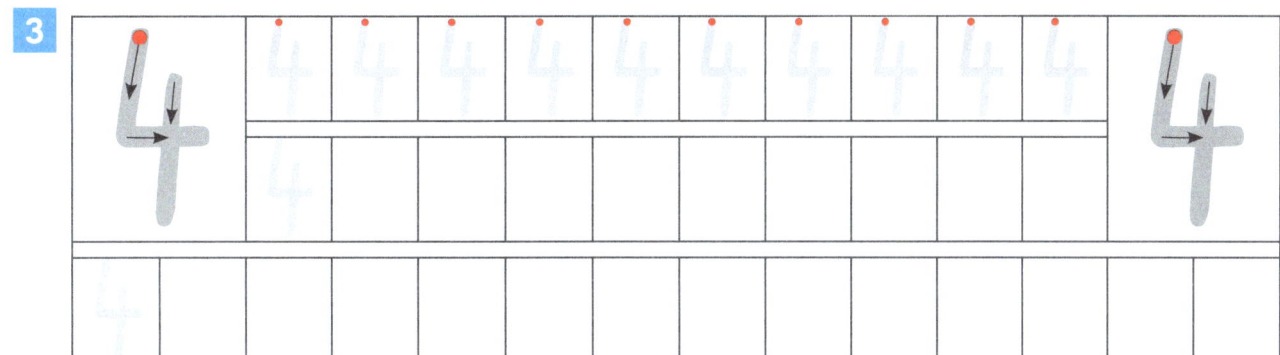

5

 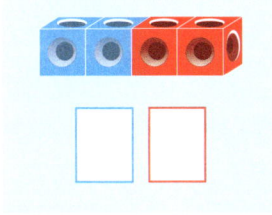 

6

4 3 2   4 3   4 1

1

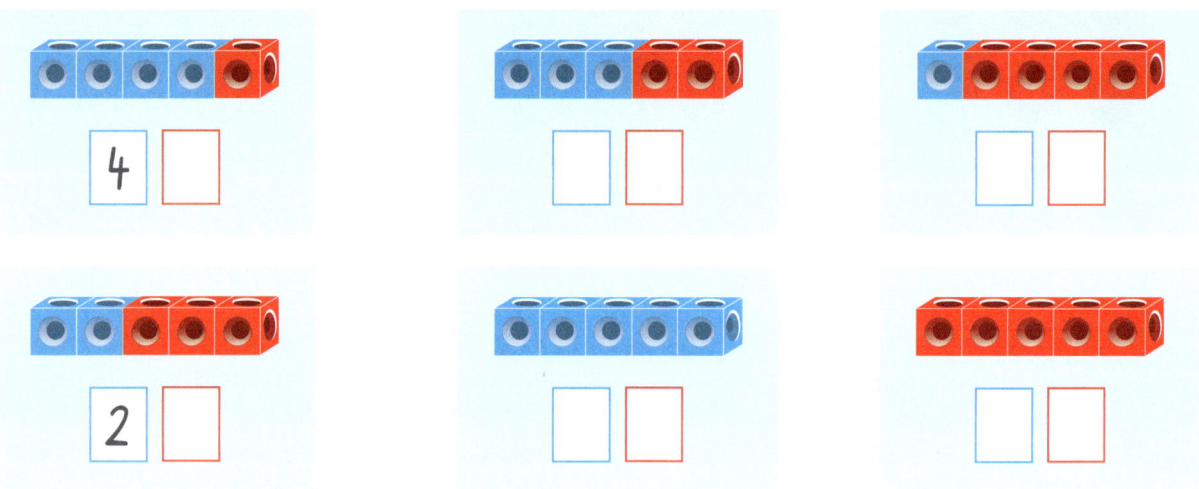

5 5 5 5 5 5 5 5 5 5 5

2 Immer **5**.

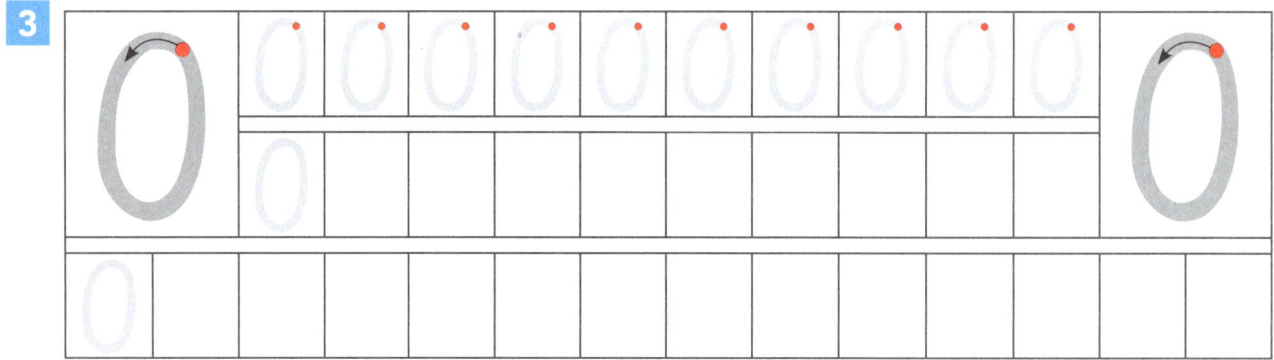

3

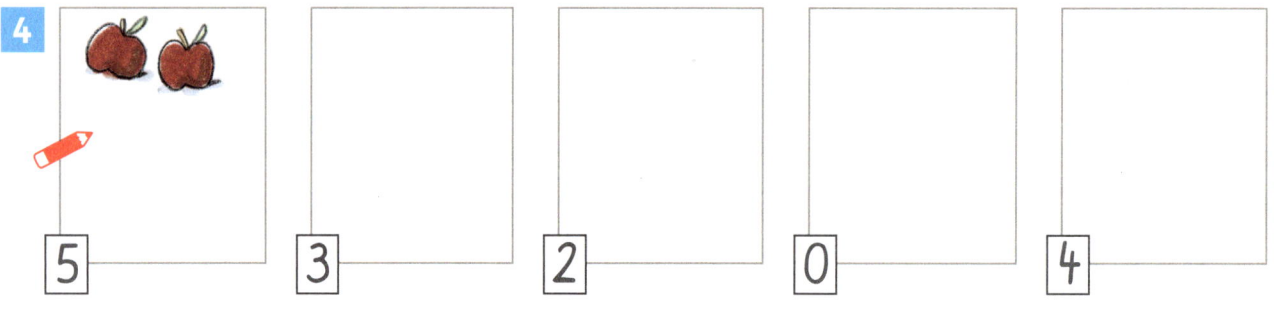

0 0 0 0 0 0 0 0 0 0 0

4

| 5 | 3 | 2 | 0 | 4 |

Die Zahl 6, Strichlisten

1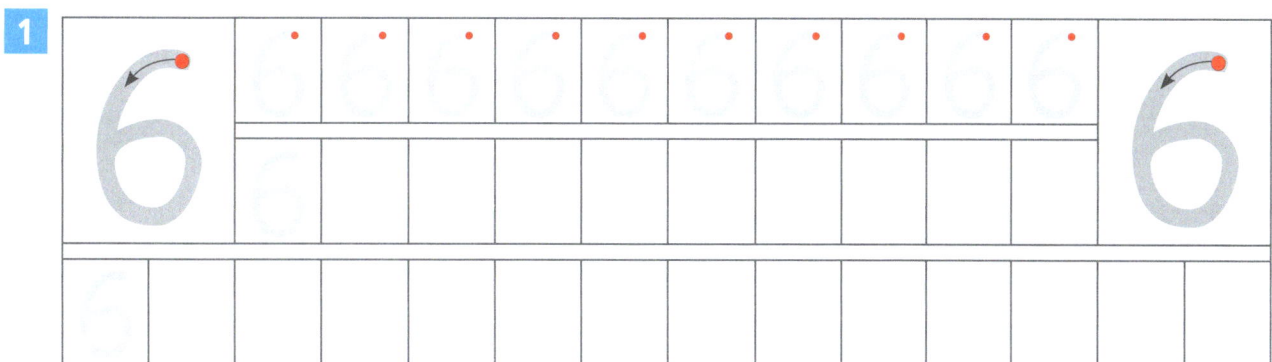

2 Immer **6**.

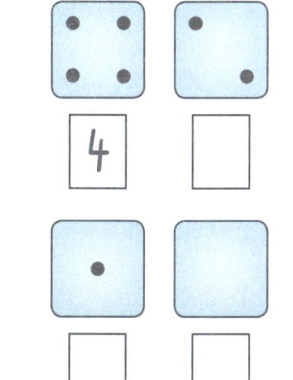
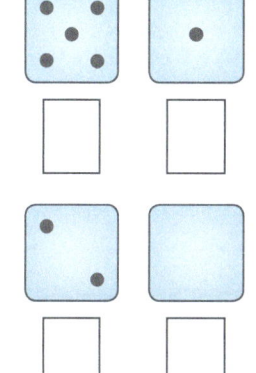

3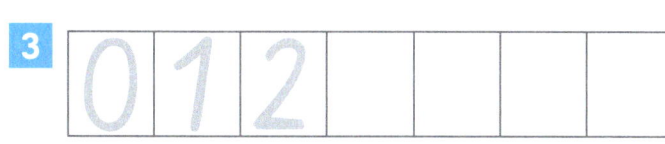

4

5

II	I	III	HHH	HHH I	IIII
2					

6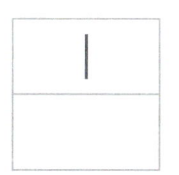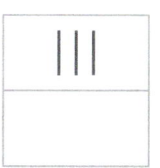

4	5	2	6	0	3

Die Zahlen 7 und 8

1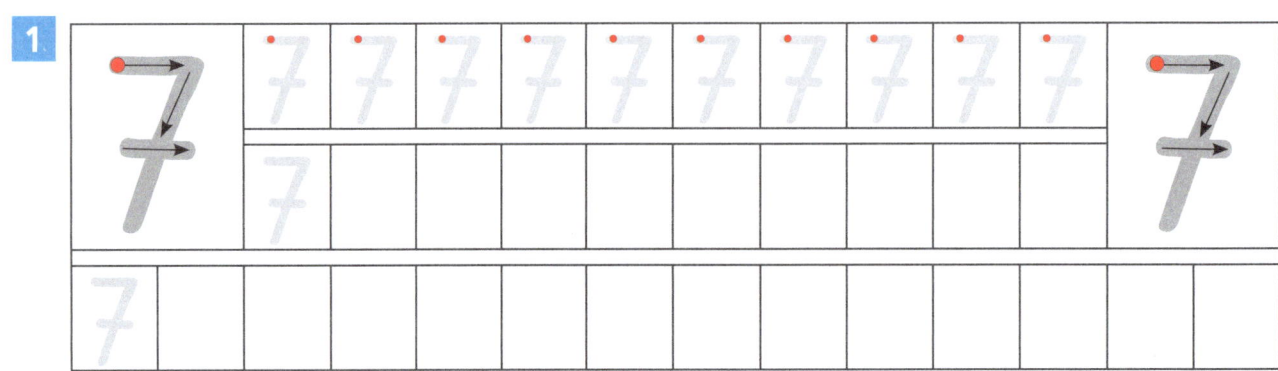

2 Immer **7**.

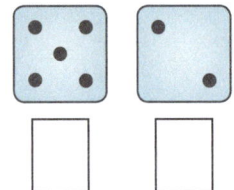 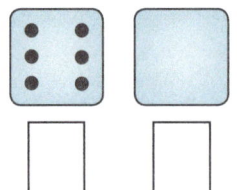 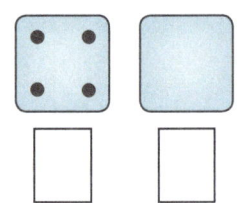

3

4 Immer **8**.

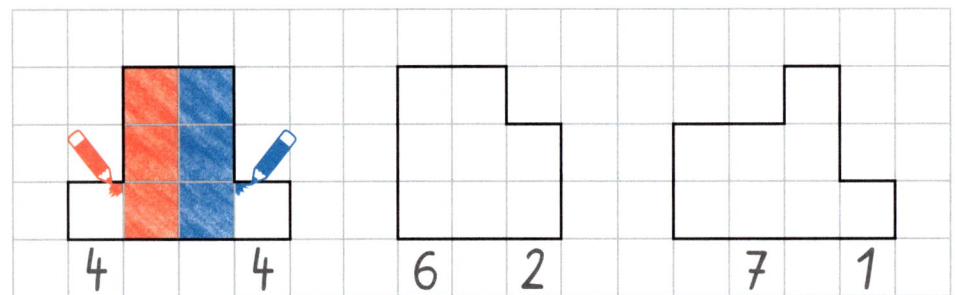

| | 4 | | | 4 | | 6 | 2 | | 7 | 1 |

5

| | 1 | 2 | | | 6 | |

Die Zahlen 9 und 10

1

2 Immer **9**.

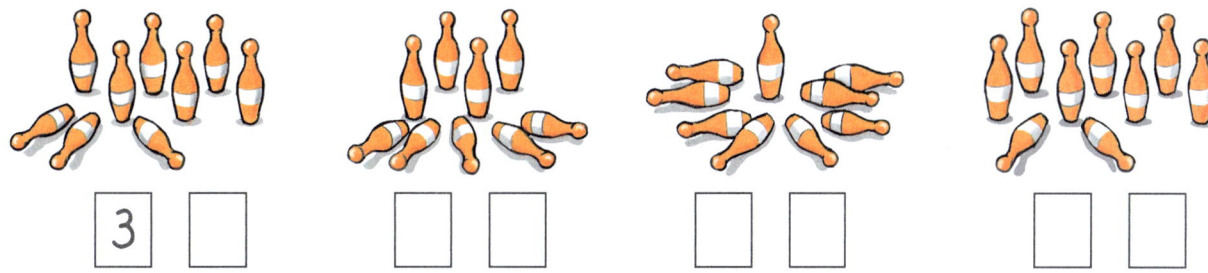

3 | | | | | | |

3

4 Immer **10**.

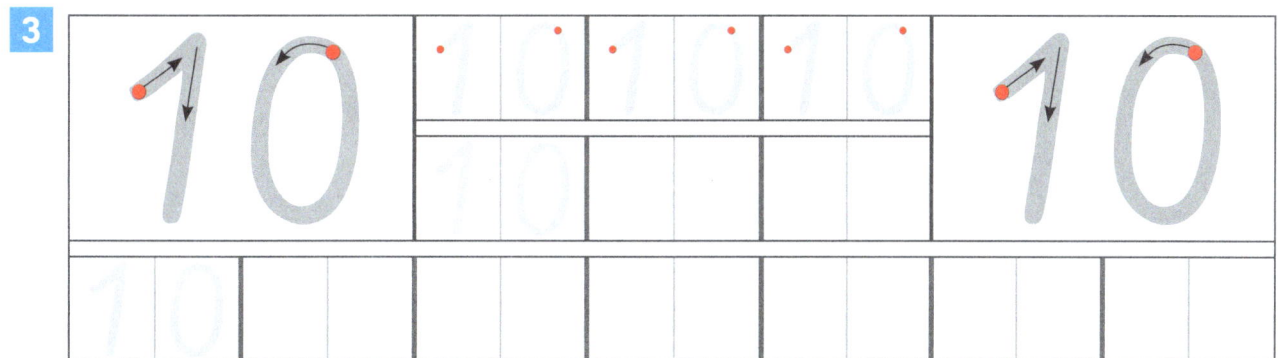

zu sehen 2 8 versteckt

5

9 8 | | | | | 2 | |

Nachbarzahlen – Vorgänger und Nachfolger

1

Vorgänger   Nachfolger

| 5 | 6 | | | | 5 | | | | 9 | |

| | 7 | | | | 4 | | | | 8 | |

2

| 3 | 4 | 5 |

| | 6 | |

| | 9 | |

| | 2 | |

| | | 7 |

| | | 4 |

| | | 3 |

| | | 5 |

| | 10 | |

| 10 | | |

| | | 14 |

| 11 | | |

3 Richtig ☺ oder falsch ☹ ?

| 1 | 2 | 3 | ☺

| 6 | 8 | 9 | ☹

| 4 | 5 | 6 | ○

| 2 | 3 | 2 | ○

| 6 | 7 | 9 | ○

| 3 | 4 | 6 | ○

| 0 | 1 | 2 | ○

| 5 | 6 | 7 | ○

| 8 | 9 | 10 | ○

| 9 | 10 | 12 | ○

| 11 | 12 | 13 | ○

| 9 | 11 | 10 | ○

4

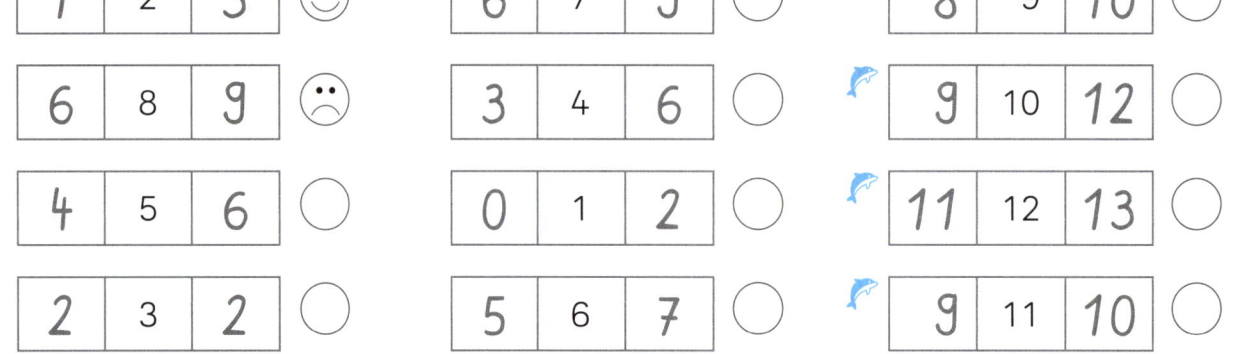

nach links

10

1

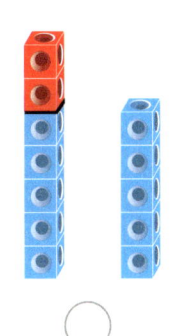 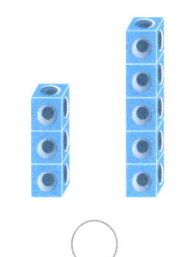 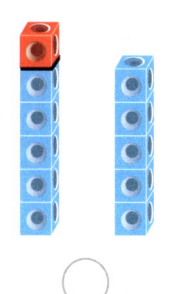

_____ ◯ _____   _____ ◯ _____   _____ ◯ _____   _____ ◯ _____

2

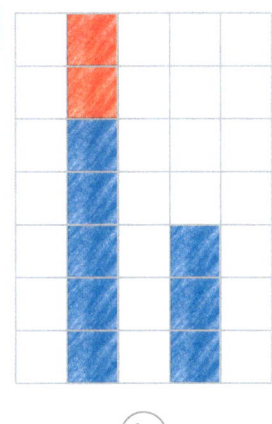 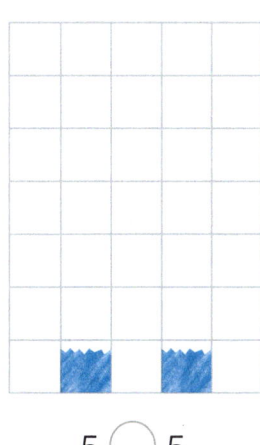 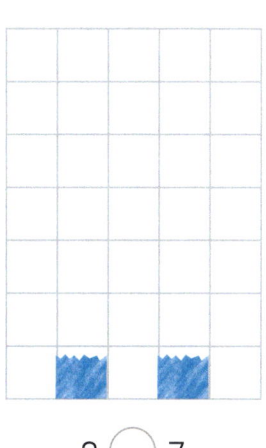

7 ⊜ 3   4 ◯ 6   5 ◯ 5   2 ◯ 7

3 Setze ein. ◁ = ▷

8 ▷ 7   7 ◯ 6   10 ◯ 0   5 ◯ 4   5 ◯ 8

6 ◯ 8   6 ◯ 7   7 ◯ 9   0 ◯ 7   9 ◯ 3

10 ◯ 8   9 ◯ 8   8 ◯ 6   10 ◯ 9   10 ◯ 7

3 ◯ 4   8 ◯ 8   9 ◯ 9   6 ◯ 8   3 ◯ 3

4 4 > _____   5 < _____

3 > _____   4 < _____

2 > _____   8 < _____

Viele Möglichkeiten.

6 > _____   8 < _____

8 > _____   0 < _____

7 > _____   2 < _____

5

2̶ 10 5
4̶ 3 8
6̶ 9

3 10 2
6 9 8
7 5

2 < 4   _____ > _____

6 < _____   _____ > _____

3 < _____   _____ > _____

_____ < _____   _____ > _____

🔍 **1** Finde verschiedene Möglichkeiten.

3

2 ☐

☐ ☐

☐ ☐

6

☐ ☐

☐ ☐

☐ ☐

4

☐ ☐

☐ ☐

☐ ☐

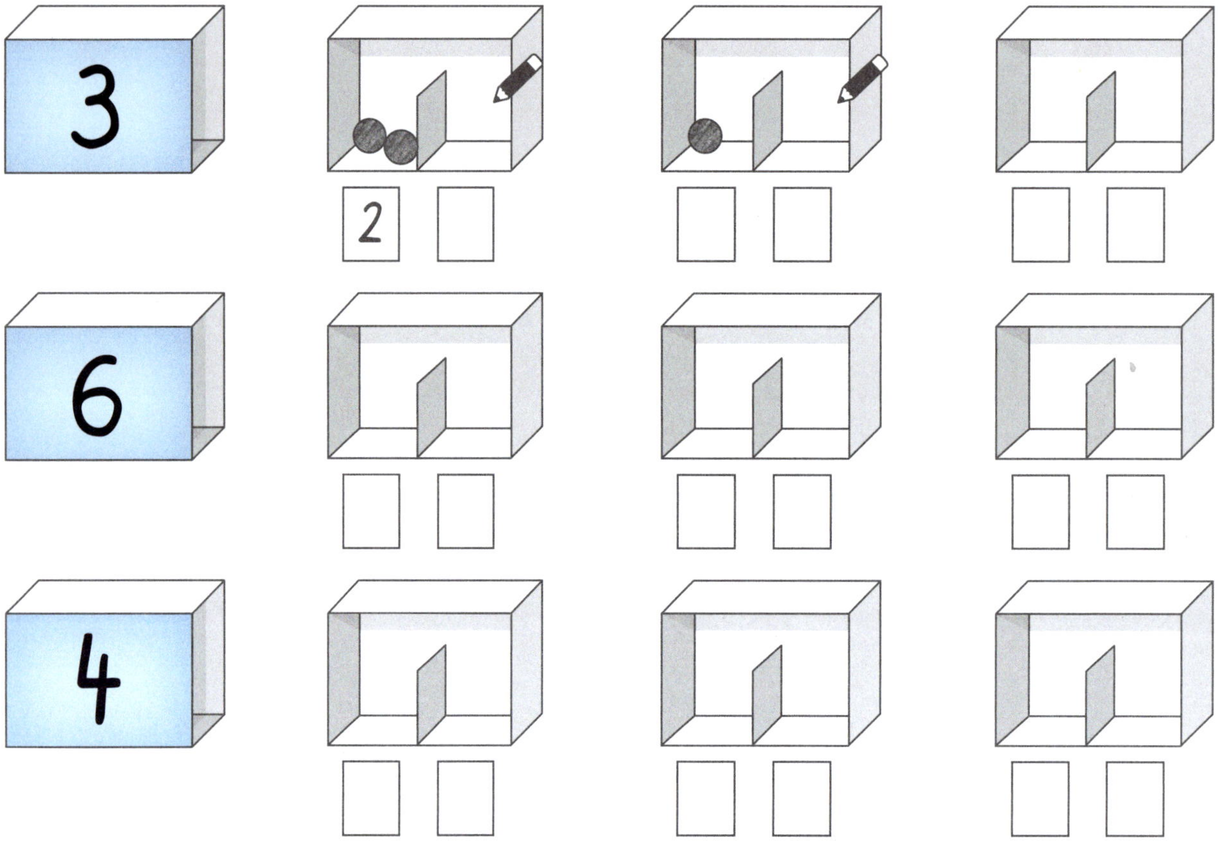

🔍 **2** Finde verschiedene Möglichkeiten.

9

☐ ☐

☐ ☐

☐ ☐

8

☐ ☐

☐ ☐

☐ ☐

7

☐ ☐

☐ ☐

☐ ☐

1 und 2 Offene Aufgaben: Zerlegungen selbst finden.

Schulbuchseiten 29–31

1   5

| 2 | 3 | 1 | ☐ | 5 | ☐ |

| 4 | ☐ | 0 | ☐ | 3 | ☐ |

2   6

| 2 | ☐ | 0 | ☐ | 3 | ☐ |

| 6 | ☐ | 4 | ☐ | 5 | ☐ |

3   10

| 5 | ☐ | 8 | ☐ | 7 | ☐ |

| 6 | ☐ | 1 | ☐ | 9 | ☐ |

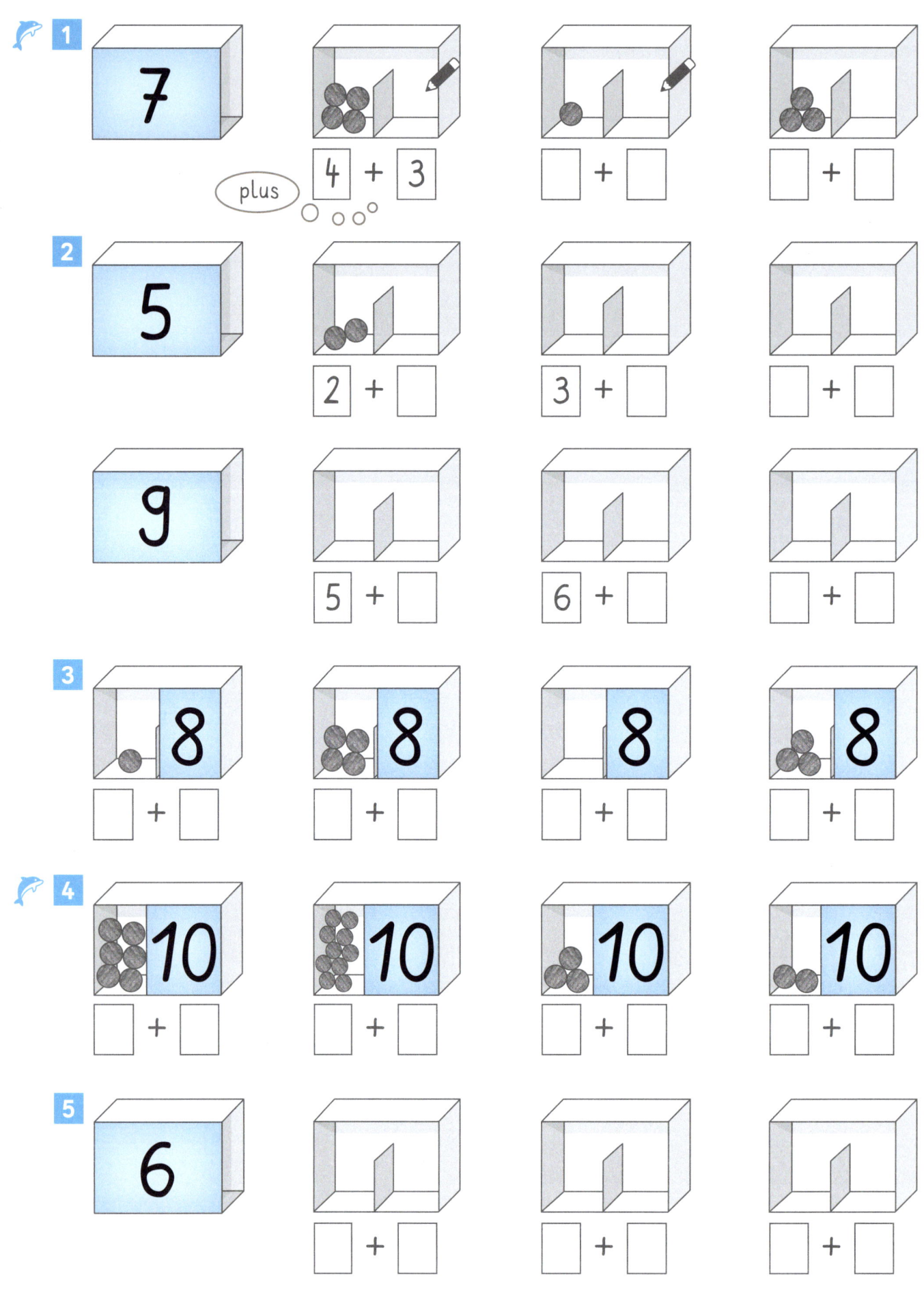

1

7

plus   4 + 3

□ + □   □ + □

2

5

2 + □   3 + □   □ + □

9

5 + □   6 + □   □ + □

3

8   8   8   8

□ + □   □ + □   □ + □   □ + □

4

10   10   10   10

□ + □   □ + □   □ + □   □ + □

5

6

□ + □   □ + □   □ + □

Das Zerlegehaus

1

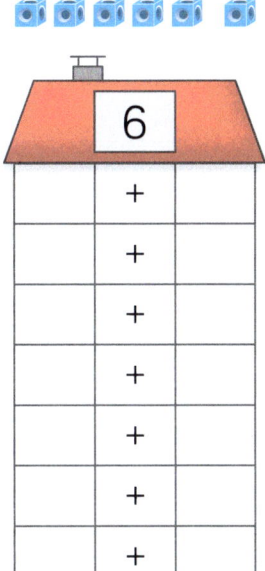

House with **2** on roof (2 cubes above):

2	+	0
	+	
	+	

House with **3** on roof (3 cubes above):

	+	
	+	
	+	
	+	

House with **4** on roof (4 cubes above):

	+	
	+	
	+	
	+	
	+	

2

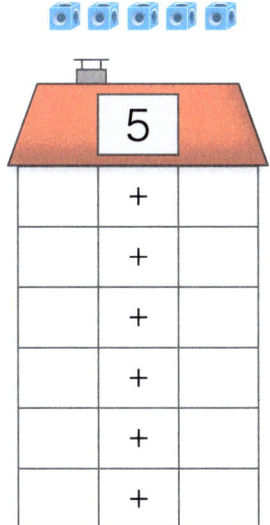

House with **5** on roof (5 cubes above):

	+	
	+	
	+	
	+	
	+	
	+	

House with **6** on roof (6 cubes above):

	+	
	+	
	+	
	+	
	+	
	+	
	+	

House with **7** on roof (7 cubes above):

	+	
	+	
	+	
	+	
	+	
	+	
	+	
	+	

3

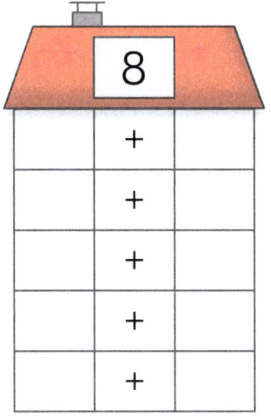

House with **8** on roof (8 cubes above):

	+	
	+	
	+	
	+	
	+	

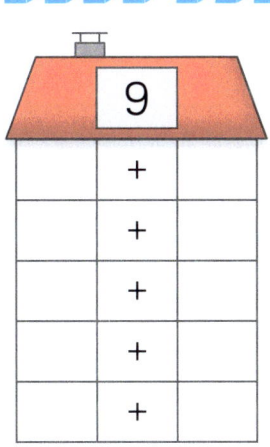

House with **9** on roof (9 cubes above):

	+	
	+	
	+	
	+	
	+	

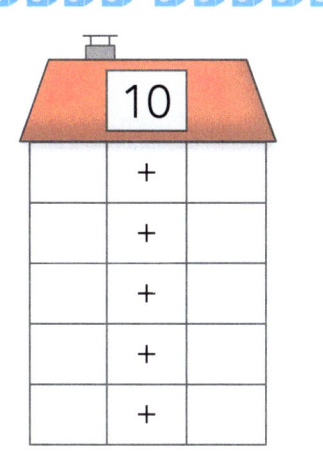

House with **10** on roof (10 cubes above):

	+	
	+	
	+	
	+	
	+	

die Katzen

die Eulen

die Enten

die Hunde

die Hamster

1 Zähle. Trage ein.

Katzen	Hunde	Eulen	Hamster	Enten
||||				
4				

2

weiß	braun	gefleckt
|||| |		
6		

3

4 Beine	2 Beine

4 Lies die Tabelle. Male an.

schwarz	braun	gefleckt
4	1	2

die Hasen

16

1

$\underline{2} + \underline{2} =$ _____ $\underline{2} +$ ___ = _____ $\underline{3} +$ ___ = _____

___ + ___ = _____   ___ + ___ = _____   ___ + ___ = _____

2

___ + ___ = _____   ___ + ___ = _____   ___ + ___ = _____

___ + ___ = _____   ___ + ___ = _____   ___ + ___ = _____

Das Zehnerfeld

1

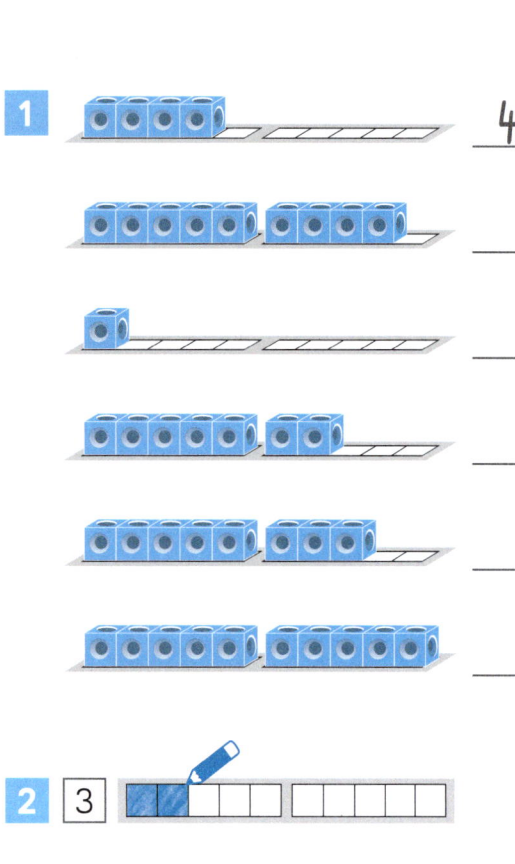

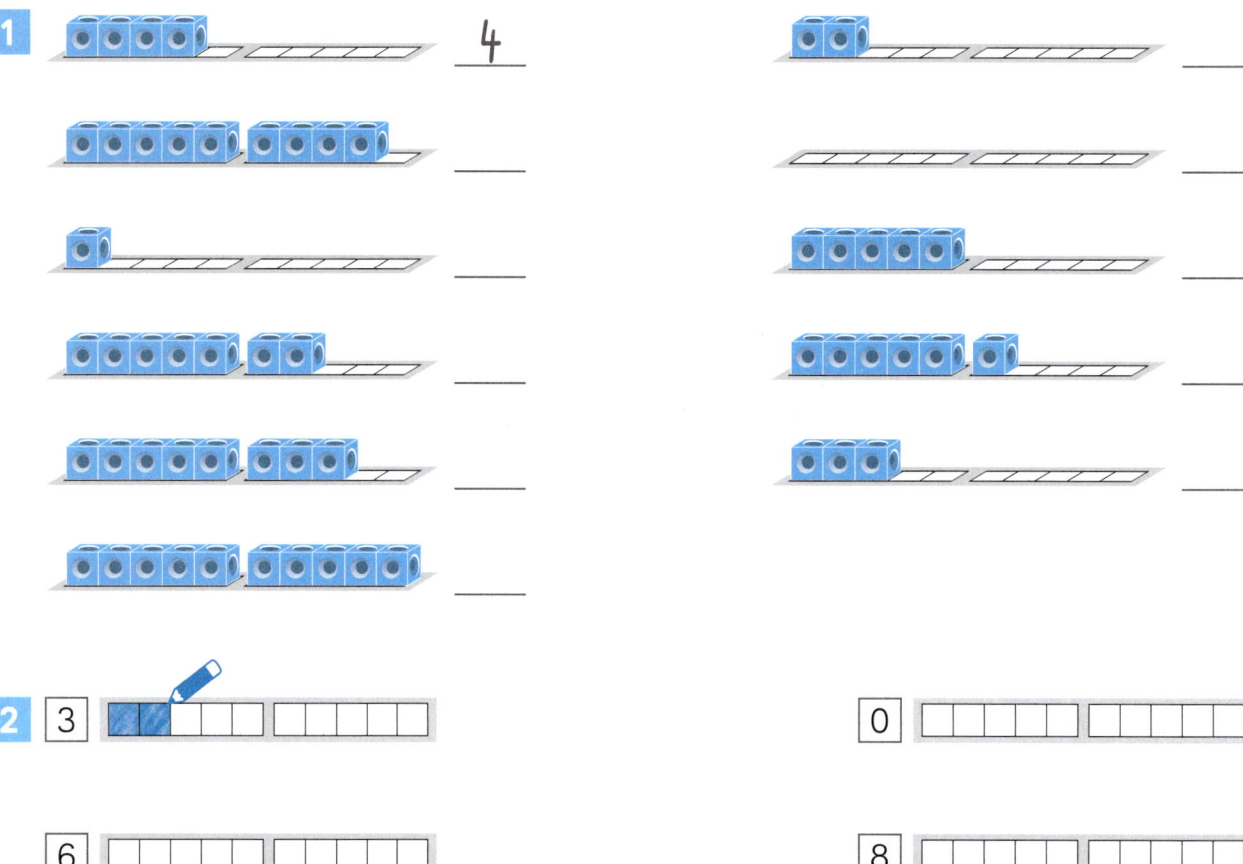

4

2

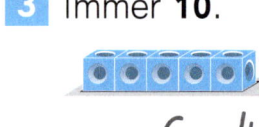 3

0

6

8

5

1

9

4

3 Immer **10**.

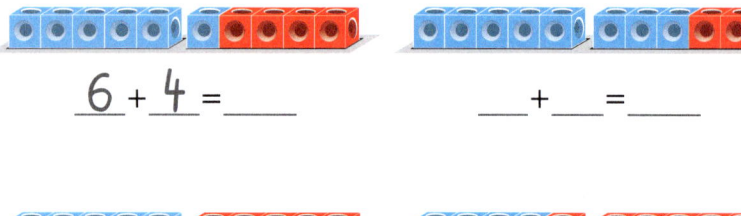

$6 + 4 = \underline{}$ $\underline{} + \underline{} = \underline{}$ $\underline{} + \underline{} = \underline{}$

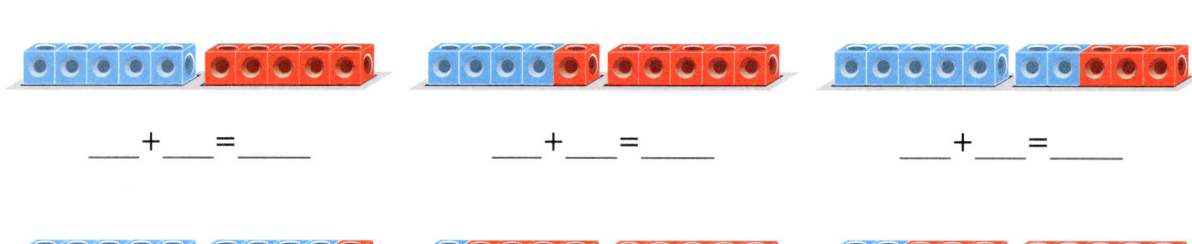

$\underline{} + \underline{} = \underline{}$ $\underline{} + \underline{} = \underline{}$ $\underline{} + \underline{} = \underline{}$

$\underline{} + \underline{} = \underline{}$ $\underline{} + \underline{} = \underline{}$ $\underline{} + \underline{} = \underline{}$

18

1

$3 + \underline{6} = \underline{9}$

$2 + \underline{5} = \underline{}$

$4 + \underline{2} = \underline{}$

$7 + \underline{} = \underline{}$

$4 + \underline{} = \underline{}$

$3 + \underline{} = \underline{}$

$3 + \underline{} = \underline{}$

$5 + \underline{} = \underline{}$

$5 + \underline{} = \underline{}$

$10 + \underline{} = \underline{}$

$7 + \underline{} = \underline{}$

$1 + \underline{} = \underline{}$

2

$\underline{} + \underline{} = \underline{}$

$\underline{} + \underline{} = \underline{}$

$\underline{} + \underline{} = \underline{}$

$\underline{} + \underline{} = \underline{}$

$\underline{} + \underline{} = \underline{}$

$\underline{} + \underline{} = \underline{}$

$\underline{} + \underline{} = \underline{}$

$\underline{} + \underline{} = \underline{}$

$\underline{} + \underline{} = \underline{}$

$\underline{} + \underline{} = \underline{}$

$\underline{} + \underline{} = \underline{}$

$\underline{} + \underline{} = \underline{}$

3 Lege und rechne.

$2 + 4 = \underline{}$

$3 + 1 = \underline{}$

$6 + 2 = \underline{}$

$8 + 0 = \underline{}$

$2 + 3 = \underline{}$

$3 + 4 = \underline{}$

$6 + 3 = \underline{}$

$8 + 2 = \underline{}$

$2 + 0 = \underline{}$

$3 + 2 = \underline{}$

$6 + 4 = \underline{}$

$8 + 1 = \underline{}$

1

3 + 5 = _____   5 + 3 = _____

5 + 4 = _____   4 + 5 = _____

4 + 3 = _____   3 + 4 = _____

6 + 2 = _____   2 + 6 = _____

2

_3_ + _2_ = ___

_2_ + ___ = ___
Tauschaufgabe

_1_ + ___ = ___
___ + ___ = ___

___ + ___ = ___
___ + ___ = ___

___ + ___ = ___
___ + ___ = ___

___ + ___ = ___
___ + ___ = ___

___ + ___ = ___
___ + ___ = ___

___ + ___ = ___
___ + ___ = ___

___ + ___ = ___
___ + ___ = ___

___ + ___ = ___
___ + ___ = ___

___ + ___ = ___
___ + ___ = ___

___ + ___ = ___
___ + ___ = ___

___ + ___ = ___
___ + ___ = ___

___ + ___ = ___
___ + ___ = ___

___ + ___ = ___
___ + ___ = ___

___ + ___ = ___
___ + ___ = ___

20

 **1** Kreise ein. Setze fort und rechne.

5 + 0 = ___	1 + 4 = ___	2 + 0 = ___	0 + 1 = ___
5 + 1 = ___	1 + 5 = ___	2 + 2 = ___	0 + 3 = ___
5 + 2 = ___	1 + 6 = ___	2 + 4 = ___	0 + 5 = ___
5 + 3 = ___	1 + 7 = ___	___ + ___ = ___	___ + ___ = ___
5 + 4 = ___	1 + ___ = ___	___ + ___ = ___	___ + ___ = ___

 **2**

3 + 1 = ___	8 + 2 = ___	0 + 1 = ___	9 + 1 = ___
4 + 1 = ___	7 + 2 = ___	2 + 1 = ___	7 + 2 = ___
5 + 1 = ___	6 + 2 = ___	4 + 1 = ___	5 + 3 = ___
6 + ___ = ___	___ + ___ = ___	___ + ___ = ___	___ + ___ = ___
___ + ___ = ___	___ + ___ = ___	___ + ___ = ___	___ + ___ = ___

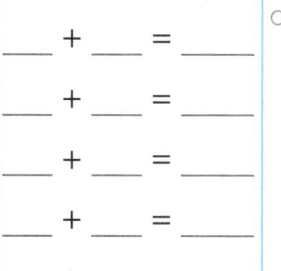

Erfinde selbst ein starkes Päckchen.

 **3**

9 + 1 = ___	0 + 0 = ___	10 + 0 = ___	___ + ___ = ___
8 + 2 = ___	1 + 1 = ___	8 + 1 = ___	___ + ___ = ___
7 + 3 = ___	2 + 2 = ___	6 + 2 = ___	___ + ___ = ___
___ + ___ = ___	___ + ___ = ___	___ + ___ = ___	___ + ___ = ___
___ + ___ = ___	___ + ___ = ___	___ + ___ = ___	___ + ___ = ___

 **4**

5

5	+	
4	+	
1	+	

0	+	
3	+	
2	+	

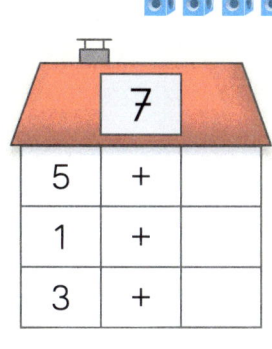

7

5	+	
1	+	
3	+	

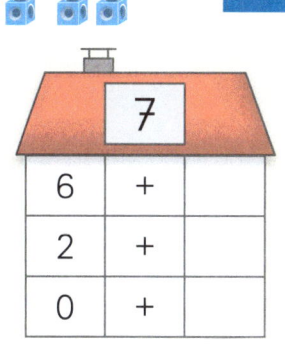

7

6	+	
2	+	
0	+	

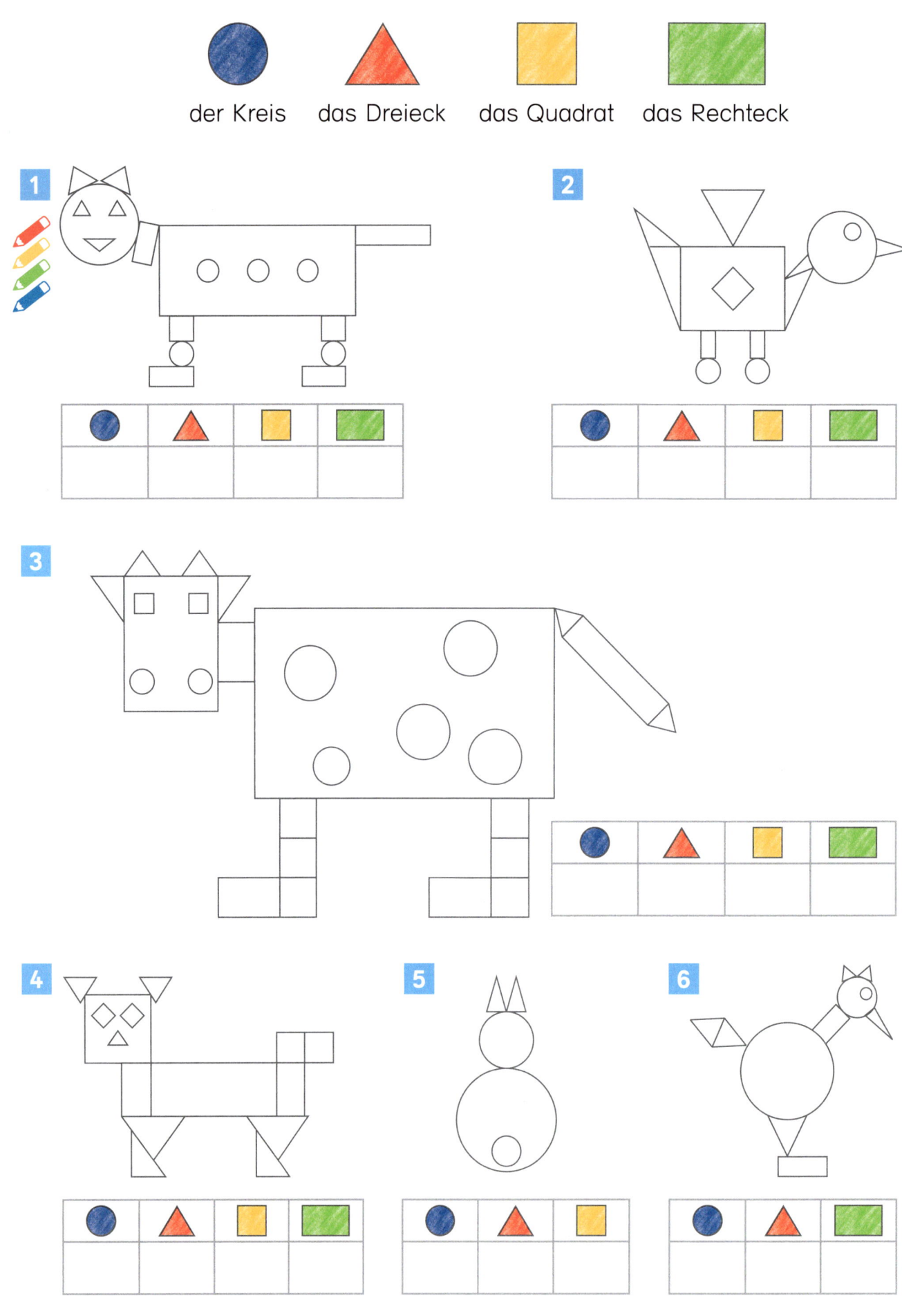

der Kreis   das Dreieck   das Quadrat   das Rechteck

1 Kreise das Grundmuster immer ein.

2 Kreise das Grundmuster immer ein. Setze fort.

3 Erfinde eigene Muster.

1

5 – _3_ = ____

3 – _2_ = ____

4 – _3_ = ____

6 – ___ = ____

3 – ___ = ____

5 – ___ = ____

2

4 – ___ = ____

6 – ___ = ____

7 – ___ = ____

7 – ___ = ____

7 – ___ = ____

6 – ___ = ____

24

1

5 – ___ = ___   3 – ___ = ___   7 – ___ = ___

2

___ – ___ = ___   ___ – ___ = ___   ___ – ___ = ___

___ – ___ = ___   ___ – ___ = ___   ___ – ___ = ___

3

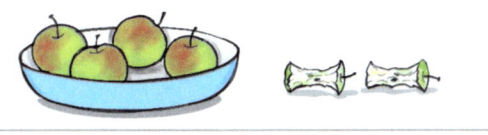 

___ – ___ = ___   ___ – ___ = ___

 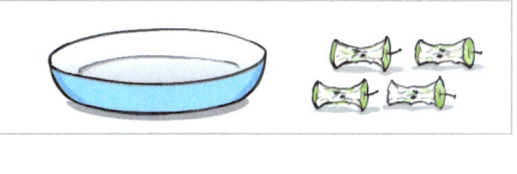

___ – ___ = ___   ___ – ___ = ___

1 Lege. Nimm weg. Rechne.

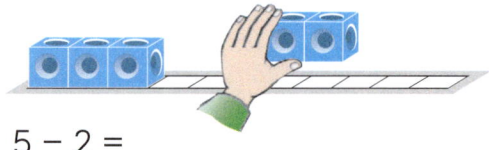

5 – 2 =_____

5 – 3 =_____

9 – 3 =_____

9 – 4 =_____

10 – 4 =_____

10 – 5 =_____

2

6 – 3 =_____   6 – 4 =_____   6 – 5 =_____

7 – 6 =_____   7 – 4 =_____   7 – 5 =_____

9 – 8 =_____   9 – 7 =_____   9 – 5 =_____

3

4 – *1* =_____   5 – ___ =_____   6 – ___ =_____

8 – ___ =_____   9 – ___ =_____   10 – ___ =_____

Schulbuchseite 58

1

8 – 2 = _____

10 – 4 = _____

9 – 5 = _____

6 – 3 = _____

7 – 6 = _____

6 – 6 = _____

2

5 – 4 = _____

6 – ___ = _____

7 – ___ = _____

8 – ___ = _____

9 – ___ = _____

7 – ___ = _____

10 – ___ = _____

8 – ___ = _____

9 – ___ = _____

3

9 – ___ = _____

_____ – ___ = _____

_____ – ___ = _____

_____ – ___ = _____

_____ – ___ = _____

_____ – ___ = _____

_____ – ___ = _____

_____ – ___ = _____

_____ – ___ = _____

4 Lege. Nimm weg. Rechne.

5 – 2 = _____   6 – 3 = _____   9 – 5 = _____   9 – 9 = _____

5 – 4 = _____   6 – 2 = _____   9 – 2 = _____   9 – 4 = _____

5 – 1 = _____   6 – 0 = _____   9 – 3 = _____   9 – 6 = _____

 **1** Kreise ein. Setze fort und rechne.

6 – 1 = ___	7 – 1 = ___	8 – 0 = ___	9 – 1 = ___
6 – 2 = ___	7 – 2 = ___	8 – 2 = ___	9 – 3 = ___
6 – 3 = ___	7 – 3 = ___	8 – 4 = ___	9 – 5 = ___
6 – 4 = ___	7 – 4 = ___	___ – ___ = ___	___ – ___ = ___
6 – ___ = ___	7 – ___ = ___	___ – ___ = ___	___ – ___ = ___

 **2**

5 – 2 = ___	9 – 4 = ___	1 – 1 = ___	10 – 2 = ___
6 – 2 = ___	8 – 4 = ___	3 – 1 = ___	8 – 2 = ___
7 – 2 = ___	7 – 4 = ___	5 – 1 = ___	6 – 2 = ___
8 – ___ = ___	___ – ___ = ___	___ – ___ = ___	___ – ___ = ___
___ – ___ = ___	___ – ___ = ___	___ – ___ = ___	___ – ___ = ___

Erfinde selbst ein starkes Päckchen.

 **3**

9 – 1 = ___	7 – 5 = ___	10 – 1 = ___	___ – ___ = ___
8 – 2 = ___	6 – 4 = ___	10 – 3 = ___	___ – ___ = ___
7 – 3 = ___	5 – 3 = ___	10 – 5 = ___	___ – ___ = ___
___ – ___ = ___	___ – ___ = ___	___ – ___ = ___	___ – ___ = ___
___ – ___ = ___	___ – ___ = ___	___ – ___ = ___	___ – ___ = ___

4

6		9		10		8	
3	+	0	+	5	+	1	+
4	+	1	+	6	+	2	+
1	+	2	+	1	+	3	+
	+		+		+		+

Umkehraufgaben und Aufgabenfamilien

1 Rechne Aufgabe und Umkehraufgabe.

$$\underline{6} + \underline{} = \underline{}$$

$$\underline{4} + \underline{} = \underline{}$$

$$\underline{8} - \underline{} = \underline{}$$

$$\underline{7} - \underline{} = \underline{}$$

2 Rechne und verbinde Aufgabe und Umkehraufgabe.

| $6 - 4 = \underline{}$ | $4 + 5 = \underline{}$ | $10 - 6 = \underline{}$ | $4 + 3 = \underline{}$ |

| $8 - 3 = \underline{}$ | $5 + 3 = \underline{}$ | $7 - 3 = \underline{}$ | $4 + 6 = \underline{}$ |

| $9 - 5 = \underline{}$ | $2 + 4 = \underline{}$ | $8 - 7 = \underline{}$ | $1 + 7 = \underline{}$ |

3 Schreibe immer Aufgabenfamilien.

| 7 | 4 | 3 | | 9 | 6 | 3 | | 6 | 7 | | | 8 | 2 | |

$$\underline{4} + \underline{3} = \underline{7}$$
$$\underline{} + \underline{} = \underline{}$$
$$\underline{} - \underline{} = \underline{}$$
$$\underline{} - \underline{} = \underline{}$$

$$\underline{} + \underline{} = \underline{}$$
$$\underline{} + \underline{} = \underline{}$$
$$\underline{} - \underline{} = \underline{}$$
$$\underline{} - \underline{} = \underline{}$$

$$\underline{} + \underline{} = \underline{}$$
$$\underline{} + \underline{} = \underline{}$$
$$\underline{} - \underline{} = \underline{}$$
$$\underline{} - \underline{} = \underline{}$$

$$\underline{} + \underline{} = \underline{}$$
$$\underline{} + \underline{} = \underline{}$$
$$\underline{} - \underline{} = \underline{}$$
$$\underline{} - \underline{} = \underline{}$$

1 Kreise immer **10** ein. Wie viele Steckwürfel sind es?

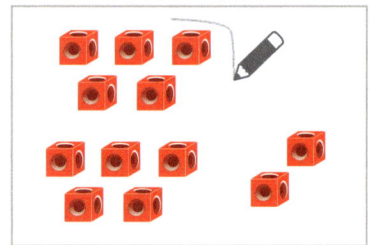

_____

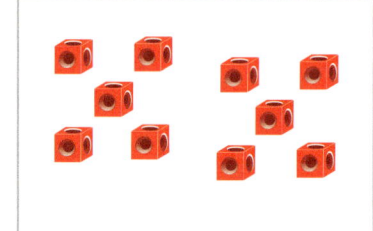

Z	E

_____

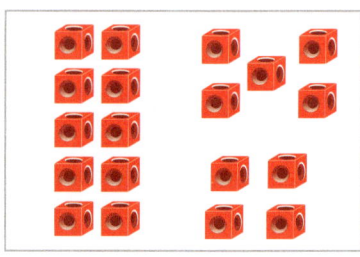

_____

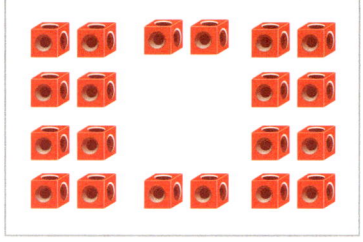

_____

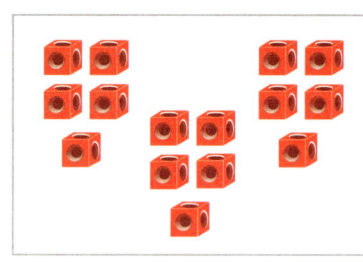

_____

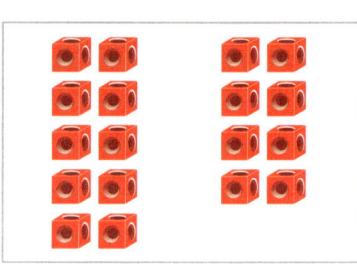

_____

2

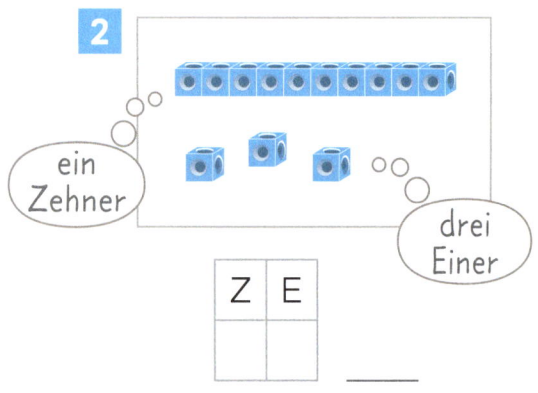

ein Zehner

drei Einer

Z	E

_____

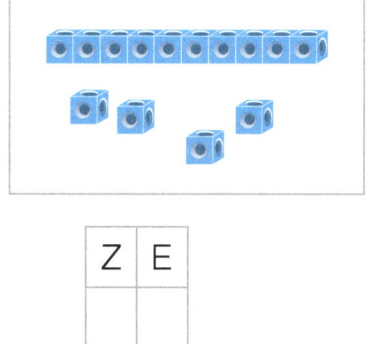

Z	E

_____

Z	E

_____

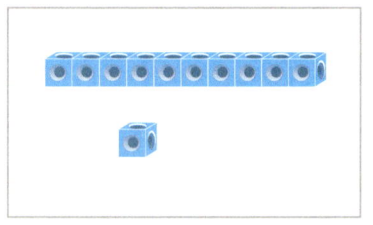

Z	E

_____

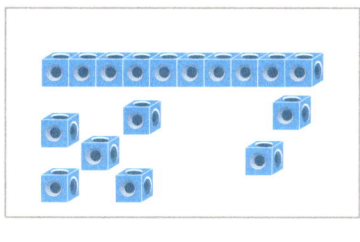

Z	E

_____

30

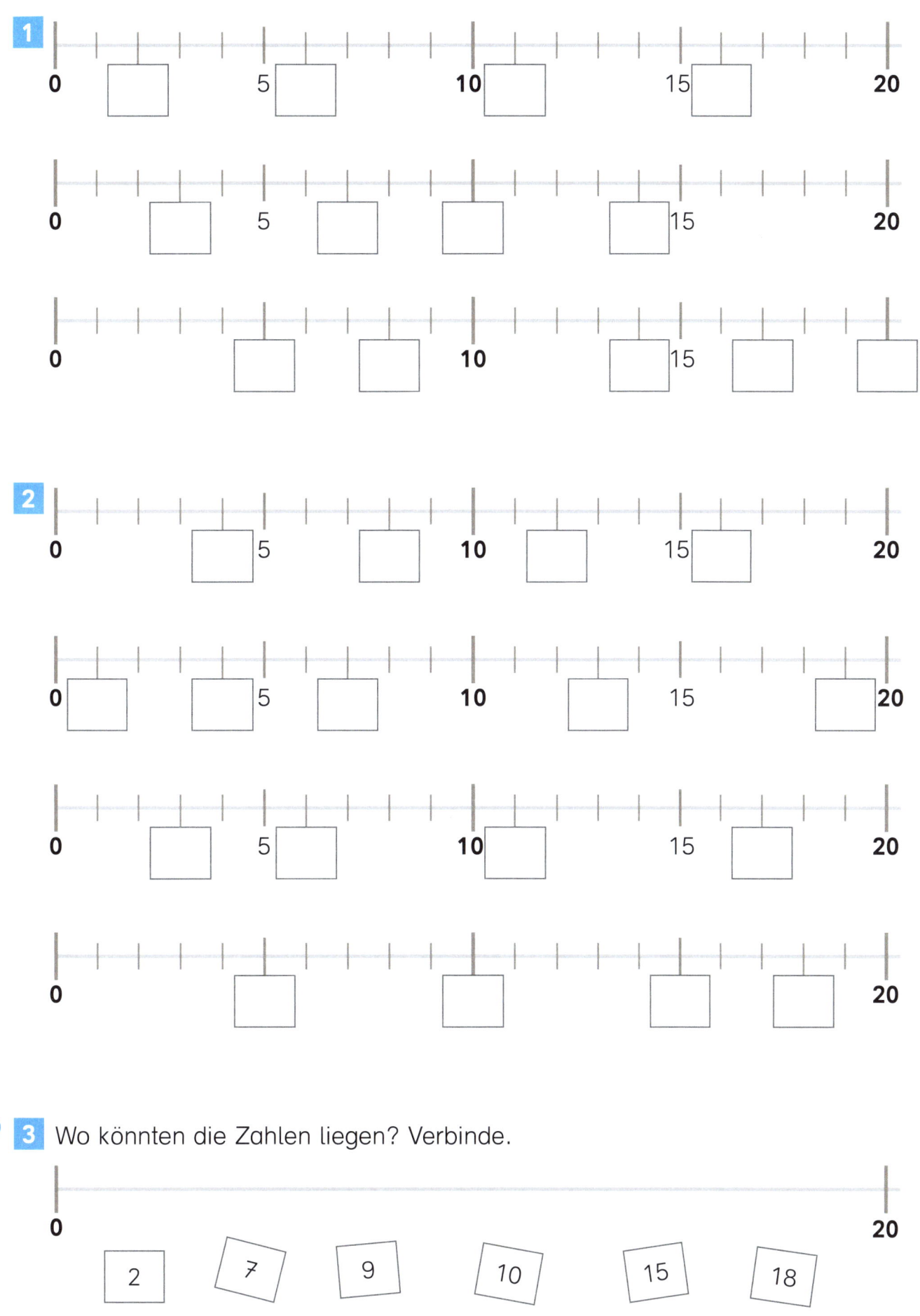

1

0   5   10   15   20

0   5   15   20

0   10   15

2

0   5   10   15   20

0   5   10   15   20

0   5   10   15   20

0   20

🔍 **3** Wo könnten die Zahlen liegen? Verbinde.

0   20

2   7   9   10   15   18

1

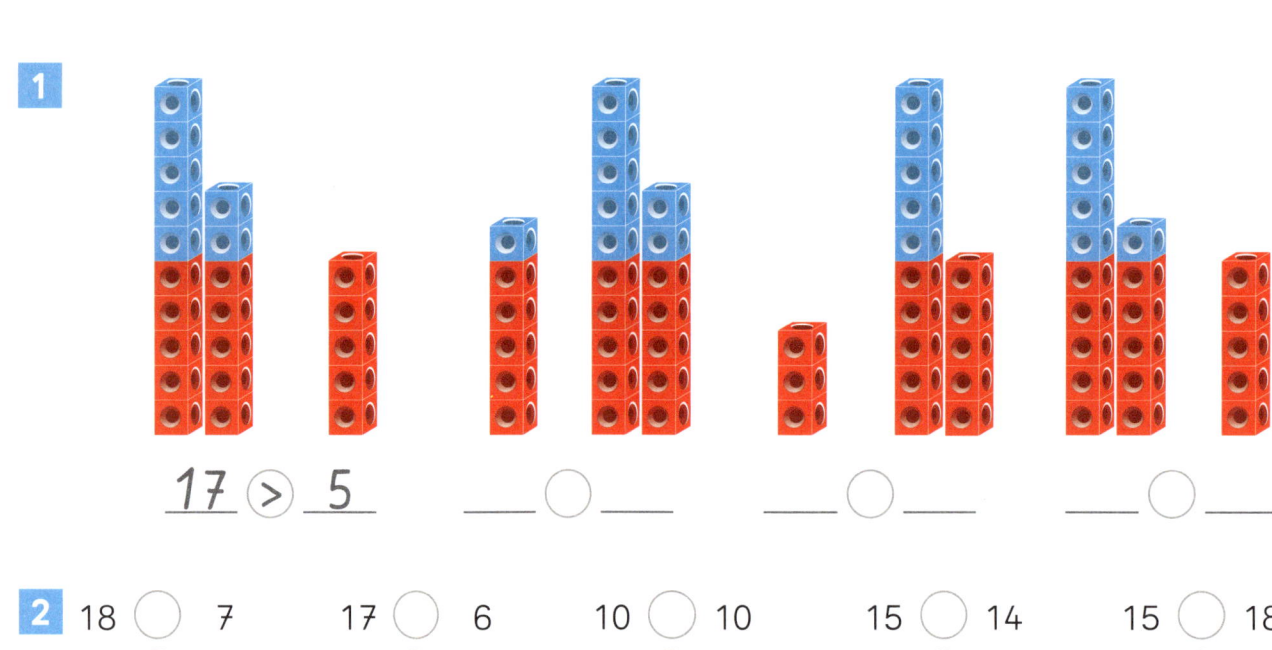

17 (>) 5   ___ ◯ ___   ___ ◯ ___   ___ ◯ ___

2

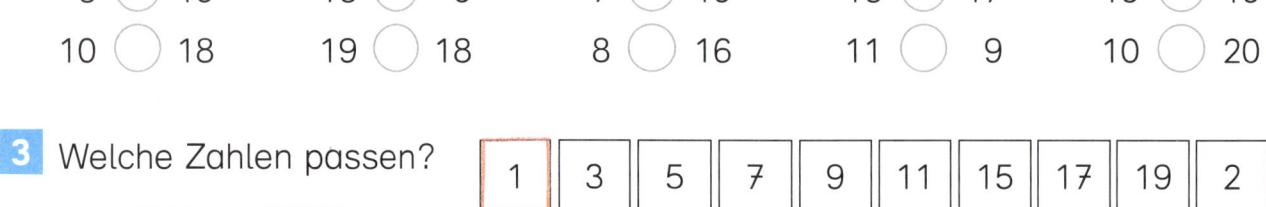

18 ◯ 7	17 ◯ 6	10 ◯ 10	15 ◯ 14	15 ◯ 18
6 ◯ 19	16 ◯ 9	7 ◯ 19	16 ◯ 17	19 ◯ 19
10 ◯ 18	19 ◯ 18	8 ◯ 16	11 ◯ 9	10 ◯ 20

3 Welche Zahlen passen?

16 > ▧

| 1 | 3 | 5 | 7 | 9 | 11 | 15 | 17 | 19 | 2 |
| 6 | 10 | 14 | 18 | 0 | 13 | 20 | 4 | 8 | 16 |

4

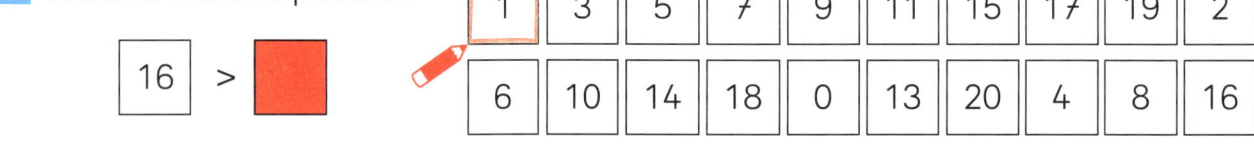

6 > ___	6 < ___	4 > ___	15 < ___	19 > ___
6 > ___	6 < ___	3 > ___	14 < ___	18 > ___
6 > ___	6 < ___	2 > ___	13 < ___	17 > ___

5

| URKUNDE Till 13 Punkte | URKUNDE Lara 16 Punkte | URKUNDE Anna 15 Punkte | URKUNDE Luis 15 Punkte | URKUNDE Elias 17 Punkte |

Vergleiche. Setze ein. (<) (=) (>)

Till und Anna   Luis und Till   Lara und Elias

13 ◯ 15   ___ ◯ ___   ___ ◯ ___

Lara und Anna   Anna und Luis   Elias und Lara

___ ◯ ___   ___ ◯ ___   ___ ◯ ___

Das Zwanzigerfeld

1

14 ___ ___

___ ___ ___

___ ___ ___

2 Male an.

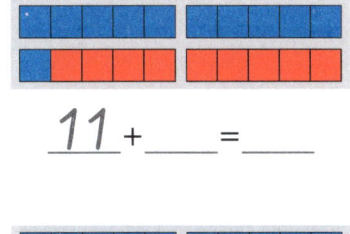 10   12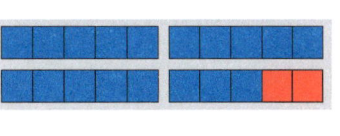

16    8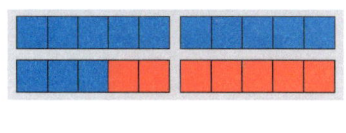

11    20

6 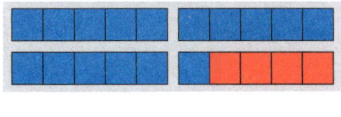   17

3 Immer **20**.

11 + ___ = ___   ___ + ___ = ___   ___ + ___ = ___

___ + ___ = ___   ___ + ___ = ___   ___ + ___ = ___

___ + ___ = ___   ___ + ___ = ___   ___ + ___ = ___

1

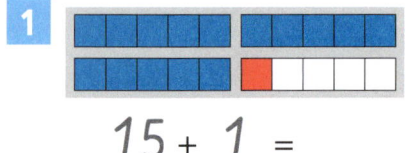      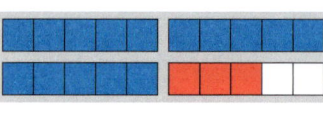

15 + 1 = ____   ____ + ____ = ____   ____ + ____ = ____

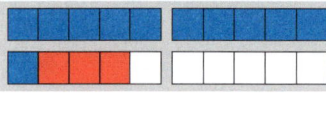   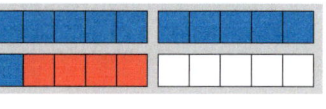

____ + ____ = ____   ____ + ____ = ____   ____ + ____ = ____

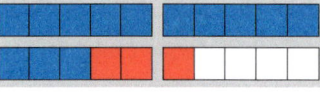   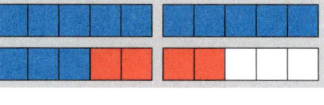

____ + ____ = ____   ____ + ____ = ____   ____ + ____ = ____

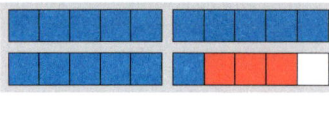   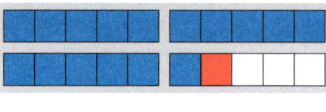

____ + ____ = ____   ____ + ____ = ____   ____ + ____ = ____

2

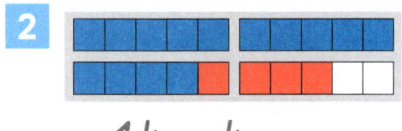      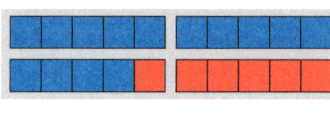

14 + 4 = ____   ____ + ____ = ____   ____ + ____ = ____

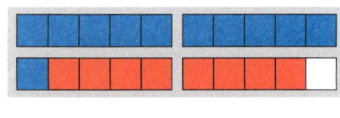   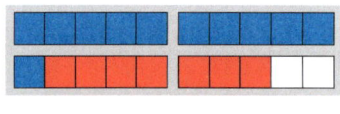   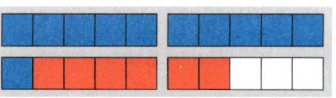

____ + ____ = ____   ____ + ____ = ____   ____ + ____ = ____

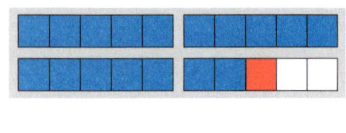   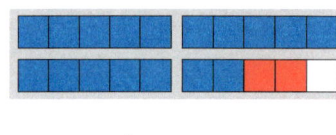   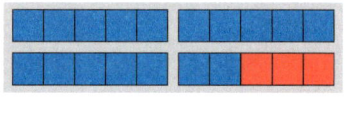

____ + ____ = ____   ____ + ____ = ____   ____ + ____ = ____

3

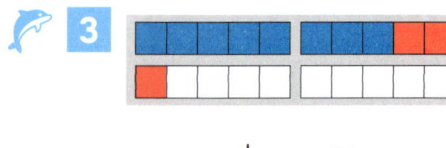   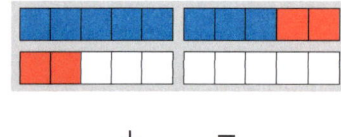   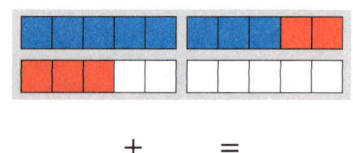

____ + ____ = ____   ____ + ____ = ____   ____ + ____ = ____

1

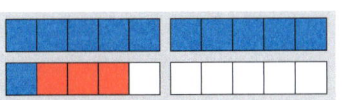

$\underline{11} + \underline{3} = \underline{}$

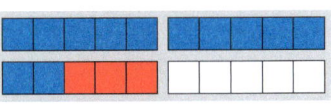

$\underline{} + \underline{} = \underline{}$

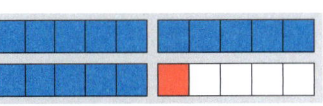

$\underline{} + \underline{} = \underline{}$

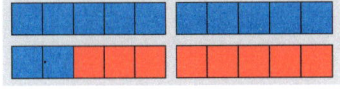

$\underline{} + \underline{} = \underline{}$

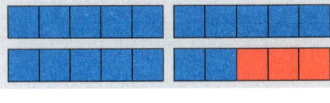

$\underline{} + \underline{} = \underline{}$

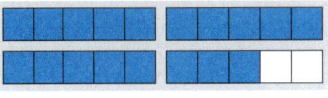

$\underline{} + \underline{} = \underline{}$

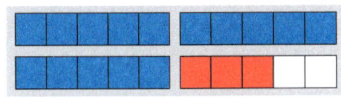

$\underline{} + \underline{} = \underline{}$

$\underline{} + \underline{} = \underline{}$

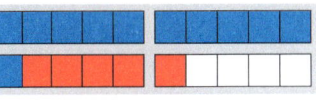

$\underline{} + \underline{} = \underline{}$

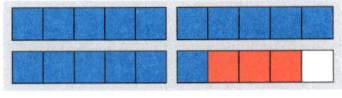

$\underline{} + \underline{} = \underline{}$

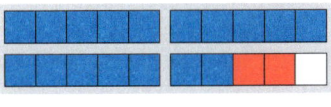

$\underline{} + \underline{} = \underline{}$

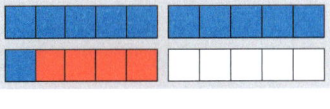

$\underline{} + \underline{} = \underline{}$

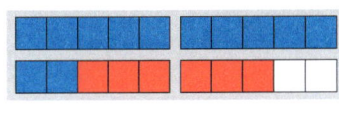

$\underline{} + \underline{} = \underline{}$

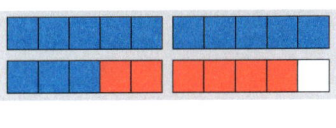

$\underline{} + \underline{} = \underline{}$

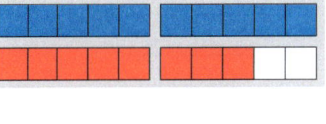

$\underline{} + \underline{} = \underline{}$

2 Lege und rechne.

$16 + 1 = \underline{}$	$12 + 7 = \underline{}$	$14 + 6 = \underline{}$
$13 + 2 = \underline{}$	$15 + 4 = \underline{}$	$12 + 2 = \underline{}$
$11 + 6 = \underline{}$	$18 + 2 = \underline{}$	$10 + 10 = \underline{}$
$16 + 4 = \underline{}$	$11 + 7 = \underline{}$	$17 + 1 = \underline{}$
$14 + 2 = \underline{}$	$10 + 7 = \underline{}$	$14 + 0 = \underline{}$

> Ich tausche. 12 + 6 ist für mich leichter.

 3

$6 + 12 = \underline{}$	$8 + 12 = \underline{}$	$5 + 11 = \underline{}$
$9 + 11 = \underline{}$	$7 + 11 = \underline{}$	$7 + 13 = \underline{}$
$6 + 13 = \underline{}$	$3 + 12 = \underline{}$	$3 + 15 = \underline{}$
$5 + 14 = \underline{}$	$4 + 15 = \underline{}$	$6 + 14 = \underline{}$
$3 + 16 = \underline{}$	$2 + 17 = \underline{}$	$4 + 12 = \underline{}$

1

11 + 2
1 + 2 = ____
11 + 2 = ____

11 + 5
1 + 5 = ____
11 + 5 = ____

12 + 4
2 + 4 = ____
12 + 4 = ____

13 + 3
3 + 3 = ____
13 + 3 = ____

12 + 7
2 + 7 = ____
12 + 7 = ____

13 + 5
3 + 5 = ____
13 + 5 = ____

11 + 9
1 + 9 = ____
11 + 9 = ____

14 + 6
4 + 6 = ____
14 + 6 = ____

13 + 6
3 + 6 = ____
13 + 6 = ____

14 + 3
4 + 3 = ____
14 + 3 = ____

12 + 5
2 + 5 = ____
12 + 5 = ____

15 + 3
5 + 3 = ____
15 + 3 = ____

2 Welche Aufgabe hilft?

14 + 5
_4_ + _5_ = ____
14 + 5 = ____

12 + 8
_2_ + ___ = ____
12 + 8 = ____

18 + 2
___ + ___ = ____
18 + 2 = ____

11 + 7
___ + ___ = ____
11 + 7 = ____

15 + 4
___ + ___ = ____
15 + 4 = ____

11 + 6
___ + ___ = ____
11 + 6 = ____

15 + 1
___ + ___ = ____
15 + 1 = ____

16 + 4
___ + ___ = ____
16 + 4 = ____

13 + 4
___ + ___ = ____
13 + 4 = ____

12 + 6
___ + ___ = ____
12 + 6 = ____

16 + 3
___ + ___ = ____
16 + 3 = ____

17 + 2
___ + ___ = ____
17 + 2 = ____

3 Finde eine passende große Aufgabe.

1 + 8 = ____
_11_ + _8_ = ___

3 + 7 = ____
____ + ___ = ___

6 + 2 = ____
____ + ___ = ___

5 + 2 = ____
____ + ___ =

1 Miss die Länge der Insekten.

die Heuschrecke

_____ cm

der Hirschkäfer

_____ cm

die Waldameise

_____ cm

der Maikäfer

_____ cm

2

_____ cm

_____ cm

_____ cm

_____ cm

_____ cm

_____ cm

3 Miss die Länge der Strecken.

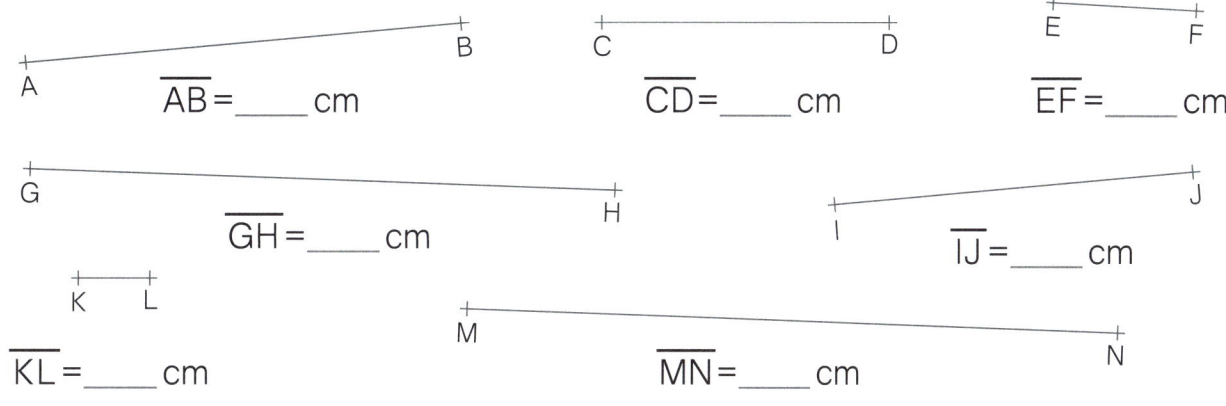

$\overline{AB}$ = _____ cm

$\overline{CD}$ = _____ cm

$\overline{EF}$ = _____ cm

$\overline{GH}$ = _____ cm

$\overline{IJ}$ = _____ cm

$\overline{KL}$ = _____ cm

$\overline{MN}$ = _____ cm

1

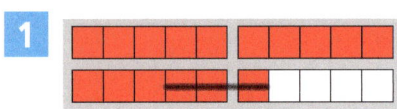 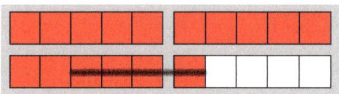

16 – 3 =_____   16 – 4 =_____   16 – 5 =_____

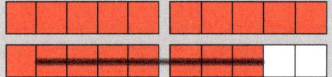 

18 – 6 =_____   18 – 7 =_____   18 – 8 =_____

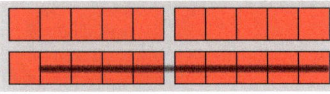 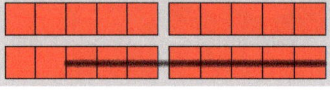 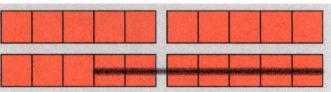

20 – 9 =_____   20 – 8 =_____   20 – 7 =_____

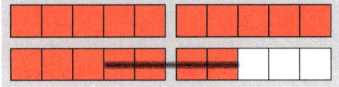 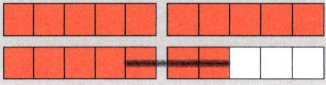 

17 – 4 =_____   17 – 3 =_____   17 – 2 =_____

2

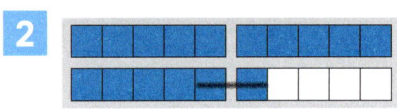  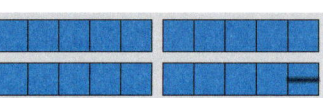

16 – ___ =_____   13 – ___ =_____   20 – ___ =_____

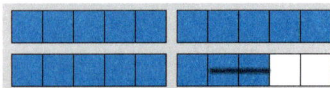 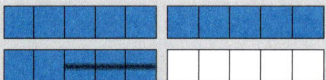 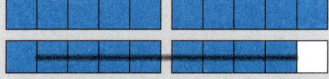

18 – ___ =_____   15 – ___ =_____   19 – ___ =_____

  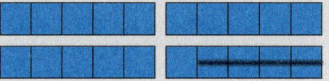

17 – ___ =_____   16 – ___ =_____   20 – ___ =_____

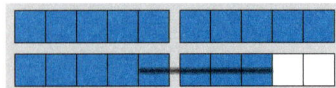  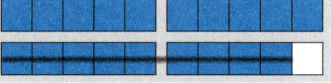

18 – ___ =_____   15 – ___ =_____   19 – ___ =_____

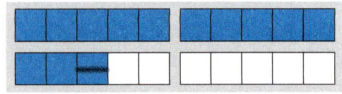 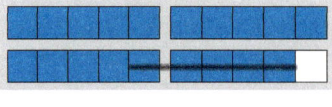 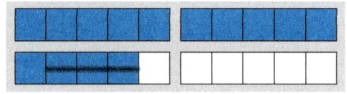

13 – ___ =_____   19 – ___ =_____   14 – ___ =_____

1

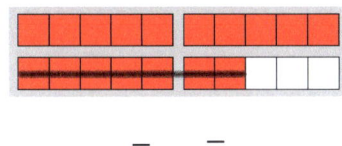 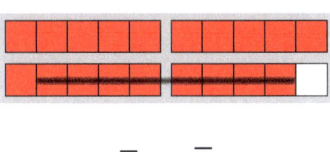 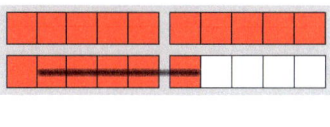

_16_ – ___ = ___   _15_ – ___ = ___   _14_ – ___ = ___

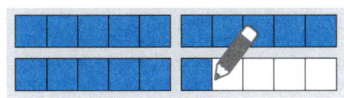 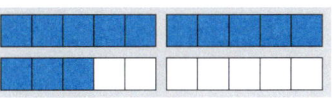 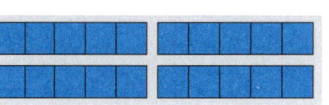

____ – ___ = ____   ____ – ___ = ____   ____ – ___ = ____

2 Streiche durch. Rechne.

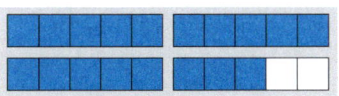 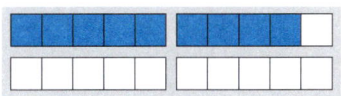 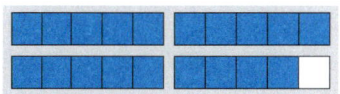

16 – 5 = ____   13 – 2 = ____   20 – 1 = ____

18 – 8 = ____   9 – 7 = ____   19 – 8 = ____

3 Male an. Streiche durch. Rechne.

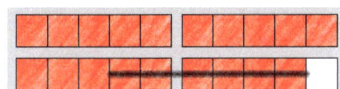 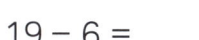 

19 – 6 = ____   12 – 2 = ____   15 – 4 = ____

  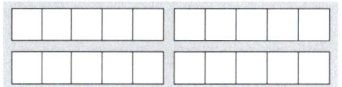

14 – 4 = ____   17 – 3 = ____   20 – 8 = ____

4 Lege. Nimm weg. Rechne.

17 – 3 = ____   16 – 4 = ____   20 – 3 = ____

17 – 6 = ____   16 – 0 = ____   20 – 0 = ____

17 – 1 = ____   16 – 6 = ____   20 – 1 = ____

5 19 – 6 = ____   14 – 2 = ____   11 – 3 = ____

18 – 4 = ____   19 – 7 = ____   12 – 6 = ____

11 – 0 = ____   16 – 3 = ____   13 – 4 = ____

1

15 – 4

5 – 4 = ____
15 – 4 = ____

18 – 8

8 – 8 = ____
18 – 8 = ____

17 – 2

7 – 2 = ____
17 – 2 = ____

19 – 7

9 – 7 = ____
19 – 7 = ____

17 – 4

7 – 4 = ____
17 – 4 = ____

18 – 6

8 – 6 = ____
18 – 6 = ____

19 – 4

9 – 4 = ____
19 – 4 = ____

15 – 1

5 – 1 = ____
15 – 1 = ____

16 – 3

6 – 3 = ____
16 – 3 = ____

17 – 5

7 – 5 = ____
17 – 5 = ____

18 – 5

8 – 5 = ____
18 – 5 = ____

19 – 6

9 – 6 = ____
19 – 6 = ____

2 Welche Aufgabe hilft?

18 – 4

__8__ – __4__ = ____
18 – 4 = ____

19 – 5

__9__ – ___ = ____
19 – 5 = ____

19 – 1

___ – ___ = ____
19 – 1 = ____

14 – 1

___ – ___ = ____
14 – 1 = ____

17 – 6

___ – ___ = ____
17 – 6 = ____

18 – 7

___ – ___ = ____
18 – 7 = ____

19 – 3

___ – ___ = ____
19 – 3 = ____

17 – 7

___ – ___ = ____
17 – 7 = ____

16 – 4

___ – ___ = ____
16 – 4 = ____

15 – 2

___ – ___ = ____
15 – 2 = ____

18 – 3

___ – ___ = ____
18 – 3 = ____

19 – 8

___ – ___ = ____
19 – 8 = ____

3 Finde eine passende große Aufgabe.

6 – 2 = ____
__16__ – __2__ = ____

9 – 9 = ____
___ – ___ = ____

8 – 2 = ____
___ – ___ = ____

7 – 1 = ____
___ – ___ = ____

1

3 + ___ = ___   ___ − ___ = ___   ___ + ___ = ___

_____   _____   _____

2 Welche Aufgabe passt zum Bild? Kreuze an.

○ 8 + 4 = ____
○ 4 − 4 = ____
○ 4 + 4 = ____

○ 3 − 2 = ____
○ 5 − 3 = ____
○ 5 + 2 = ____

○ 4 + 2 = ____
○ 4 − 2 = ____
○ 6 + 4 = ____

○ 3 − 2 = ____
○ 5 + 2 = ____
○ 5 − 2 = ____

○ 6 + 3 = ____
○ 3 + 3 = ____
○ 3 − 3 = ____

○ 4 + 6 = ____
○ 6 − 4 = ____
○ 5 + 5 = ____

Welches Bild passt zur Aufgabe? Kreuze an.

1
4 – 2 = _____

2
5 + 3 = _____

3
6 – 1 = _____

4
3 + 2 = _____

1 Rechne immer erst die leichtere Aufgabe.

2 + 11 = ____	4 + 13 = ____	12 + 5 = ____	14 + 3 = ____
11 + 2 = ____	13 + 4 = ____	5 + 12 = ____	3 + 14 = ____

7 + 11 = ____	18 + 1 = ____	13 + 5 = ____	4 + 15 = ____
11 + 7 = ____	1 + 18 = ____	5 + 13 = ____	15 + 4 = ____

2 + 14 = ____	15 + 3 = ____	2 + 17 = ____	16 + 3 = ____
14 + 2 = ____	3 + 15 = ____	17 + 2 = ____	3 + 16 = ____

2 Schreibe die Tauschaufgabe. Rechne.

2 + 13 = ____	18 + 2 = ____	11 + 5 = ____
____ + ____ = ____	____ + ____ = ____	____ + ____ = ____

3 + 11 = ____	2 + 12 = ____	14 + 1 = ____
____ + ____ = ____	____ + ____ = ____	____ + ____ = ____

4 + 11 = ____	13 + 6 = ____	7 + 12 = ____
____ + ____ = ____	____ + ____ = ____	____ + ____ = ____

3

Ich tausche. 11 + 9 ist für mich leichter.

2 + 17 = ____	1 + 19 = ____	7 + 12 = ____
3 + 11 = ____	3 + 15 = ____	14 + 5 = ____
0 + 18 = ____	12 + 7 = ____	17 + 0 = ____
9 + 11 = ____	17 + 1 = ____	16 + 1 = ____	8 + 12 = ____

4

9 ◯ 11	16 ◯ 15	18 ◯ 12	0 ◯ 13	12 ◯ 20
8 ◯ 6	10 ◯ 15	12 ◯ 12	20 ◯ 12	12 ◯ 2

🔍 **1** Kreise ein. Entscheide und kreuze an. Setze fort oder streiche durch.

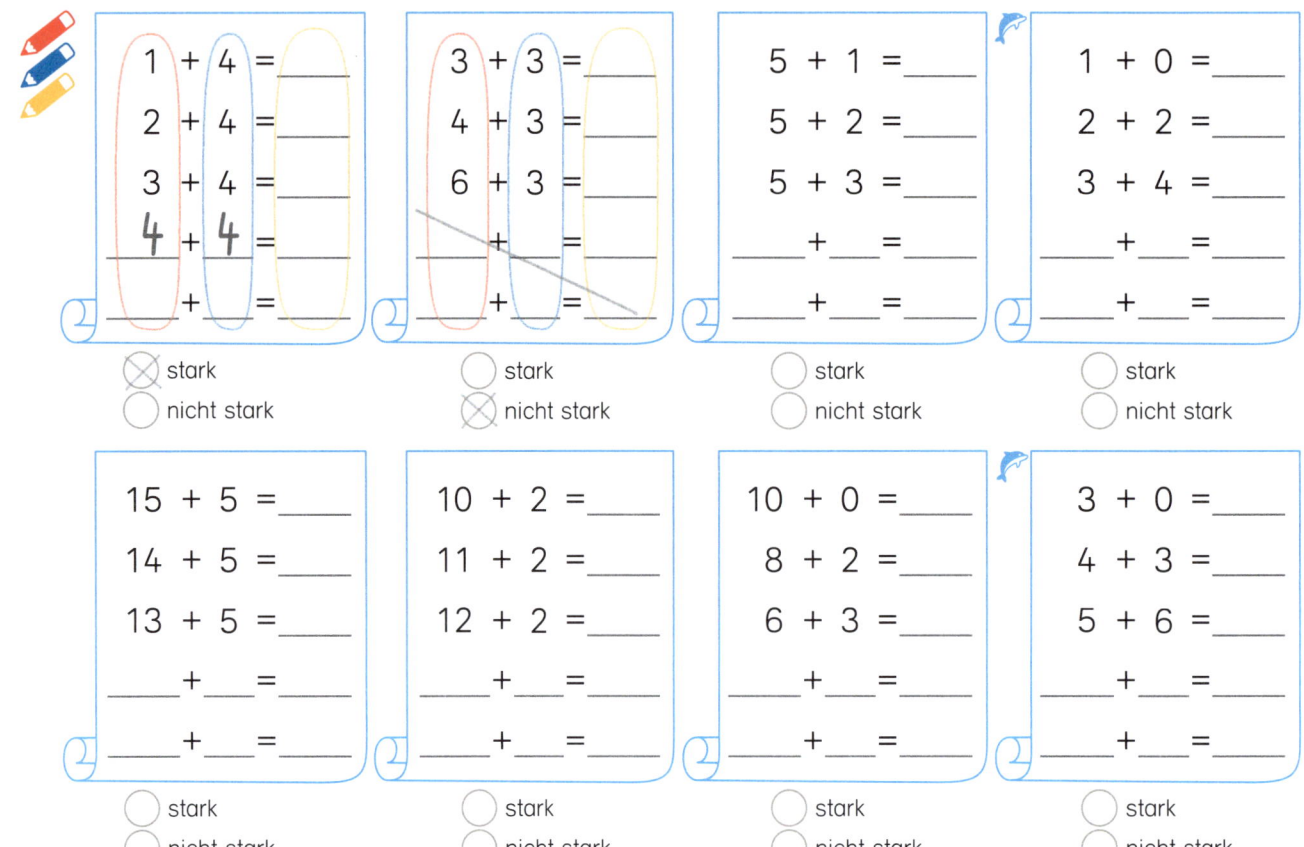

1 + 4 = ___	3 + 3 = ___	5 + 1 = ___	1 + 0 = ___
2 + 4 = ___	4 + 3 = ___	5 + 2 = ___	2 + 2 = ___
3 + 4 = ___	6 + 3 = ___	5 + 3 = ___	3 + 4 = ___
4 + 4 = ___	___ + ___ = ___	___ + ___ = ___	___ + ___ = ___
___ + ___ = ___	___ + ___ = ___	___ + ___ = ___	___ + ___ = ___

⊗ stark / ◯ nicht stark   ◯ stark / ⊗ nicht stark   ◯ stark / ◯ nicht stark   ◯ stark / ◯ nicht stark

15 + 5 = ___	10 + 2 = ___	10 + 0 = ___	3 + 0 = ___
14 + 5 = ___	11 + 2 = ___	8 + 2 = ___	4 + 3 = ___
13 + 5 = ___	12 + 2 = ___	6 + 3 = ___	5 + 6 = ___
___ + ___ = ___	___ + ___ = ___	___ + ___ = ___	___ + ___ = ___
___ + ___ = ___	___ + ___ = ___	___ + ___ = ___	___ + ___ = ___

◯ stark / ◯ nicht stark   ◯ stark / ◯ nicht stark   ◯ stark / ◯ nicht stark   ◯ stark / ◯ nicht stark

🔍 **2**

6 − 1 = ___	10 − 2 = ___	9 − 1 = ___	12 − 1 = ___
7 − 2 = ___	9 − 2 = ___	8 − 2 = ___	12 − 2 = ___
8 − 3 = ___	8 − 2 = ___	6 − 4 = ___	12 − 3 = ___
___ − ___ = ___	___ − ___ = ___	___ − ___ = ___	___ − ___ = ___
___ − ___ = ___	___ − ___ = ___	___ − ___ = ___	___ − ___ = ___

◯ stark / ◯ nicht stark   ◯ stark / ◯ nicht stark   ◯ stark / ◯ nicht stark   ◯ stark / ◯ nicht stark

7 − 1 = ___	16 − 6 = ___	20 − 10 = ___	15 − 6 = ___
8 − 1 = ___	17 − 5 = ___	20 − 9 = ___	14 − 5 = ___
10 − 1 = ___	18 − 4 = ___	20 − 8 = ___	13 − 3 = ___
___ − ___ = ___	___ − ___ = ___	___ − ___ = ___	___ − ___ = ___
___ − ___ = ___	___ − ___ = ___	___ − ___ = ___	___ − ___ = ___

◯ stark / ◯ nicht stark   ◯ stark / ◯ nicht stark   ◯ stark / ◯ nicht stark   ◯ stark / ◯ nicht stark

1

8 +_____= 10

6 +_____= 9

10 +_____= 13

2 Ergänze.

2 +_____= 3	4 +_____= 4	5 +_____= 5	3 +_____= 10
2 +_____= 5	4 +_____= 7	5 +_____= 8	7 +_____= 10
2 +_____= 10	4 +_____= 6	5 +_____= 10	4 +_____= 10
2 +_____= 7	4 +_____= 5	5 +_____= 6	1 +_____= 10
2 +_____= 6	4 +_____= 9	5 +_____= 9	6 +_____= 10
2 +_____= 8	4 +_____= 10	5 +_____= 7	8 +_____= 10

3

19 +_____= 20	13 +_____= 19	🐬 8 +_____= 17	🐬 5 +_____= 12
17 +_____= 20	16 +_____= 19	9 +_____= 15	8 +_____= 11
18 +_____= 20	14 +_____= 19	7 +_____= 14	7 +_____= 13
11 +_____= 20	12 +_____= 19	8 +_____= 16	9 +_____= 18
12 +_____= 20	11 +_____= 19	5 +_____= 11	6 +_____= 14

1

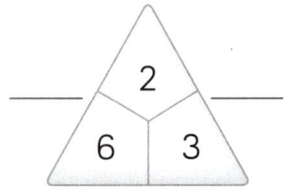
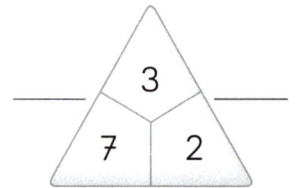

2

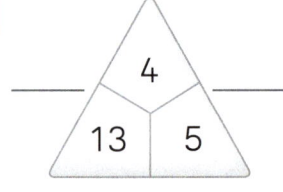
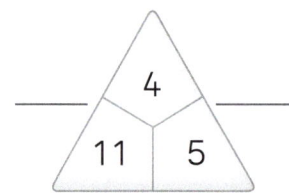
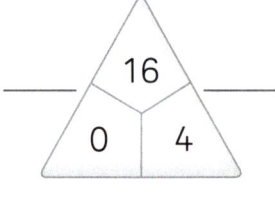

3

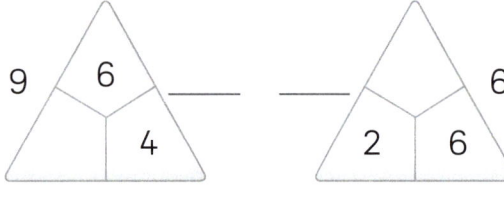
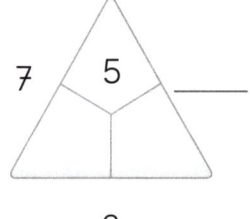
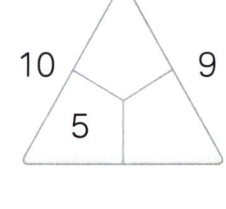

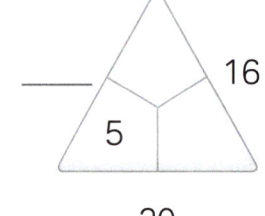
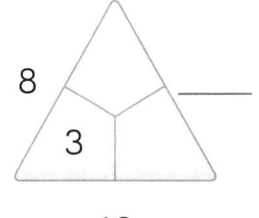
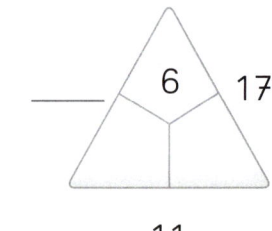

4 Wo passen die Zahlen?

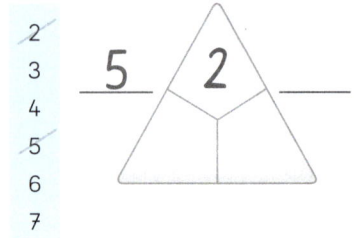
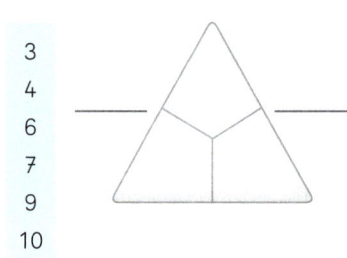
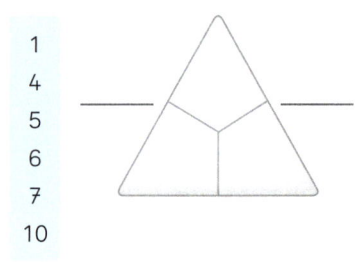

1 Zeichne verschiedene **Dreiecke**.

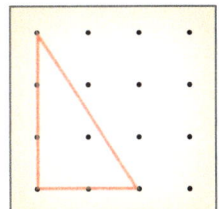 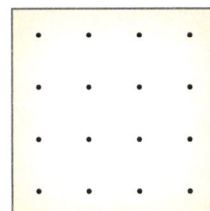 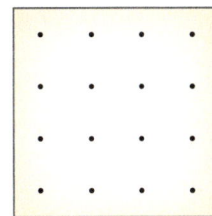 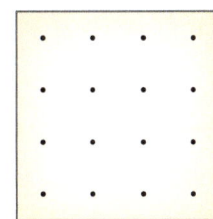 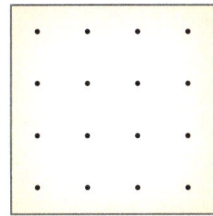

2 Zeichne verschiedene **Vierecke**.

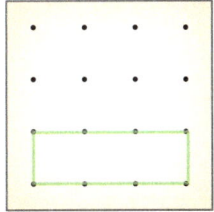 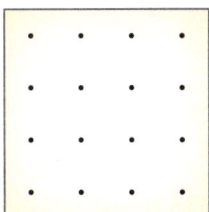 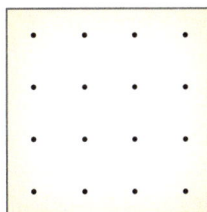 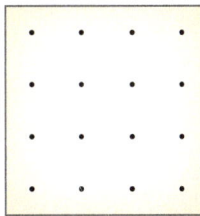 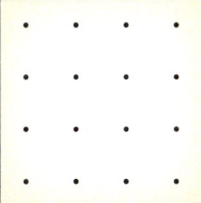

3 Zeichne das Spiegelbild.

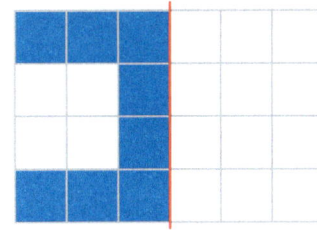 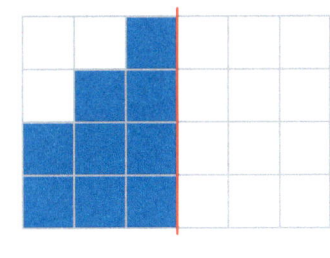 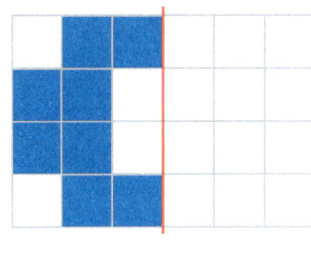

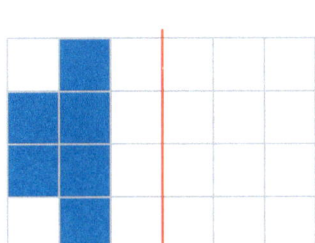 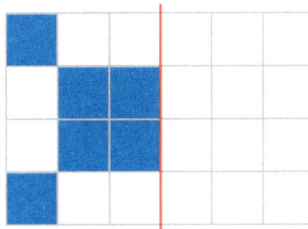 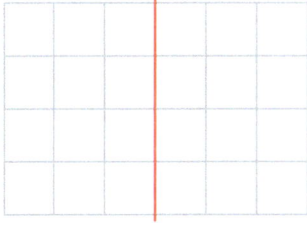

4 Ergänze spiegelbildlich.

1 Verdopple und rechne.

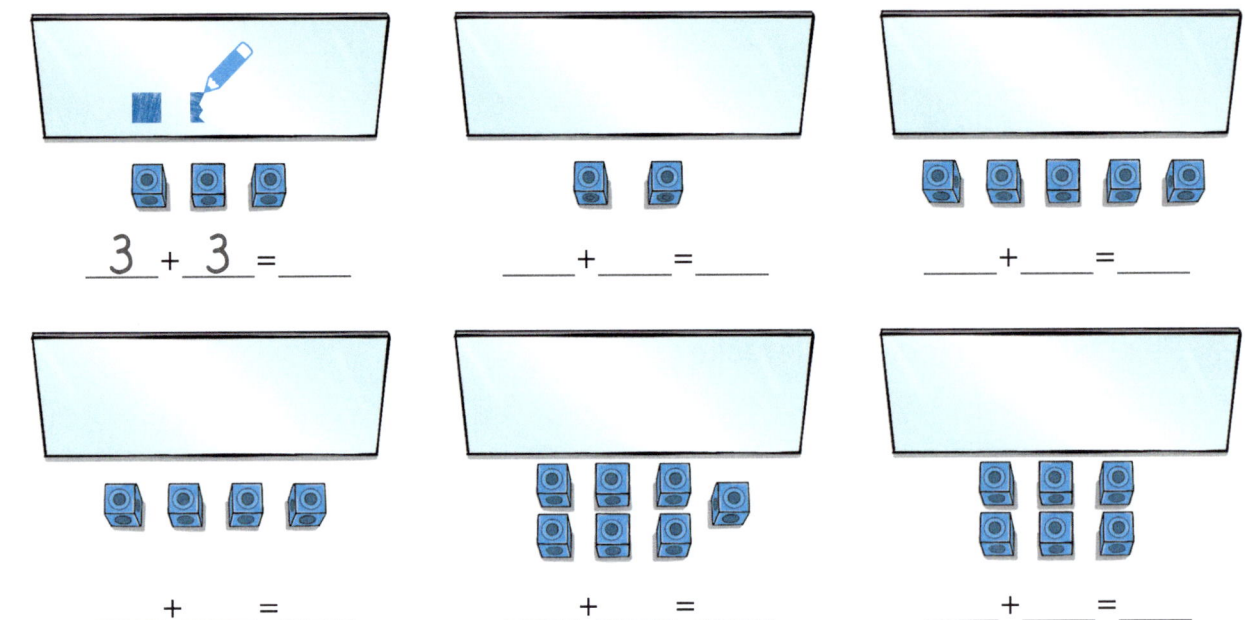

___3___ + ___3___ = _____

_____ + _____ = _____

_____ + _____ = _____

_____ + _____ = _____

_____ + _____ = _____

_____ + _____ = _____

2 Verdopple. Zeichne und rechne.

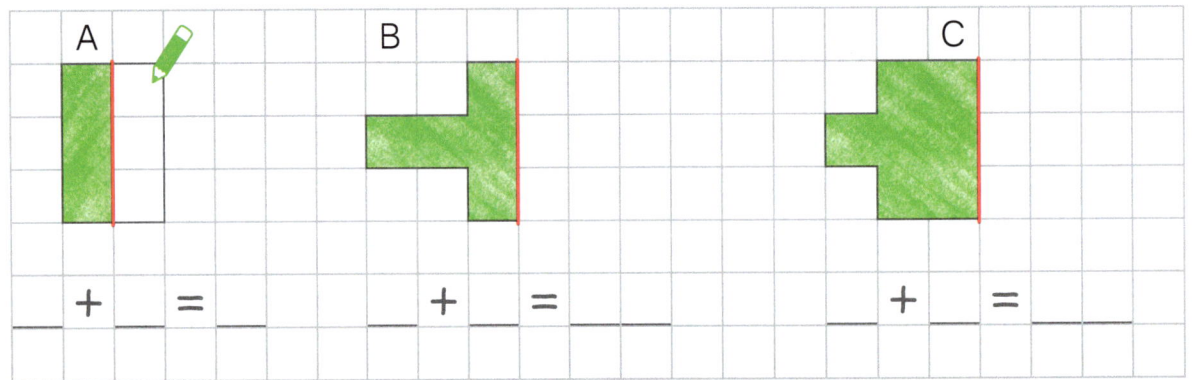

A ___ + ___ = ___

B ___ + ___ = ___

C ___ + ___ = ___

3

verdoppeln →	
5	10
6	
4	
3	

verdoppeln →	
7	
1	
10	
8	

4

verdoppeln →	
6	12
	8
	10
	6

verdoppeln →	
	2
	18
	16
	4

5

	5	10	4	3	2	1	6	7	8	9
das Doppelte	10	20								

Halbieren

1 Halbiere und rechne.

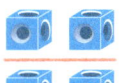   

4 = __2__ + _____   8 = _____ + _____   6 = _____ + _____

10 = _____ + _____   14 = _____ + _____   12 = _____ + _____

20 = _____ + _____   18 = _____ + _____   16 = _____ + _____

2

halbieren →		halbieren →	
20	10	12	
10		8	
4		18	
14		16	
2		6	

3

halbieren →		halbieren →	
4	2		1
	8		4
	6		3
	10		9
	7		5

4

	4	10	6	8	2	14	18	12	20	16
die Hälfte	2	5								

1

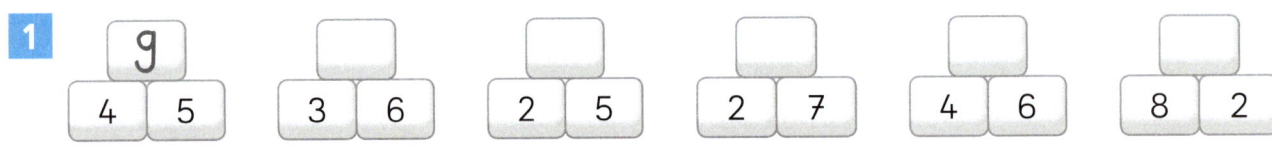

9					
4 5	3 6	2 5	2 7	4 6	8 2

2

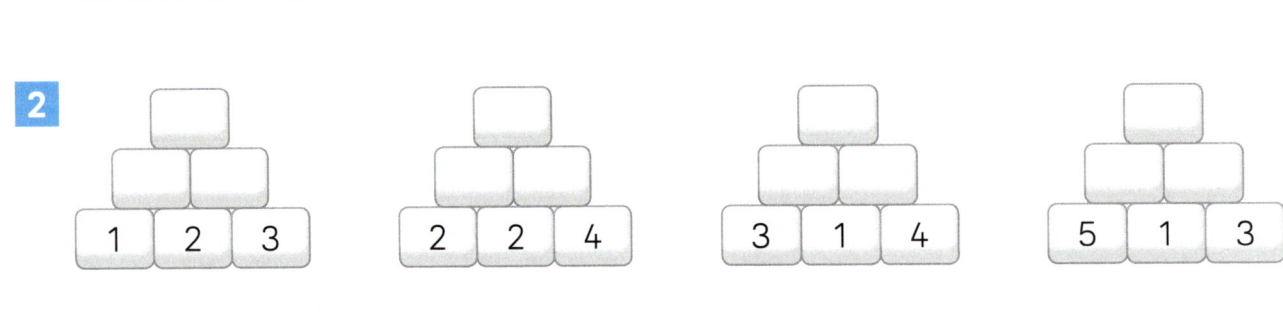

1 2 3	2 2 4	3 1 4	5 1 3

3

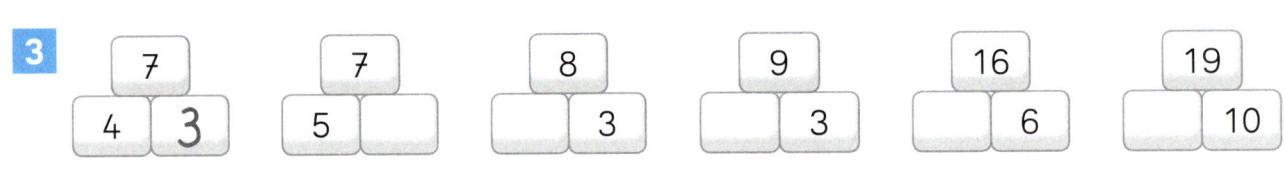

7	7	8	9	16	19
4 3	5	3	3	6	10

4

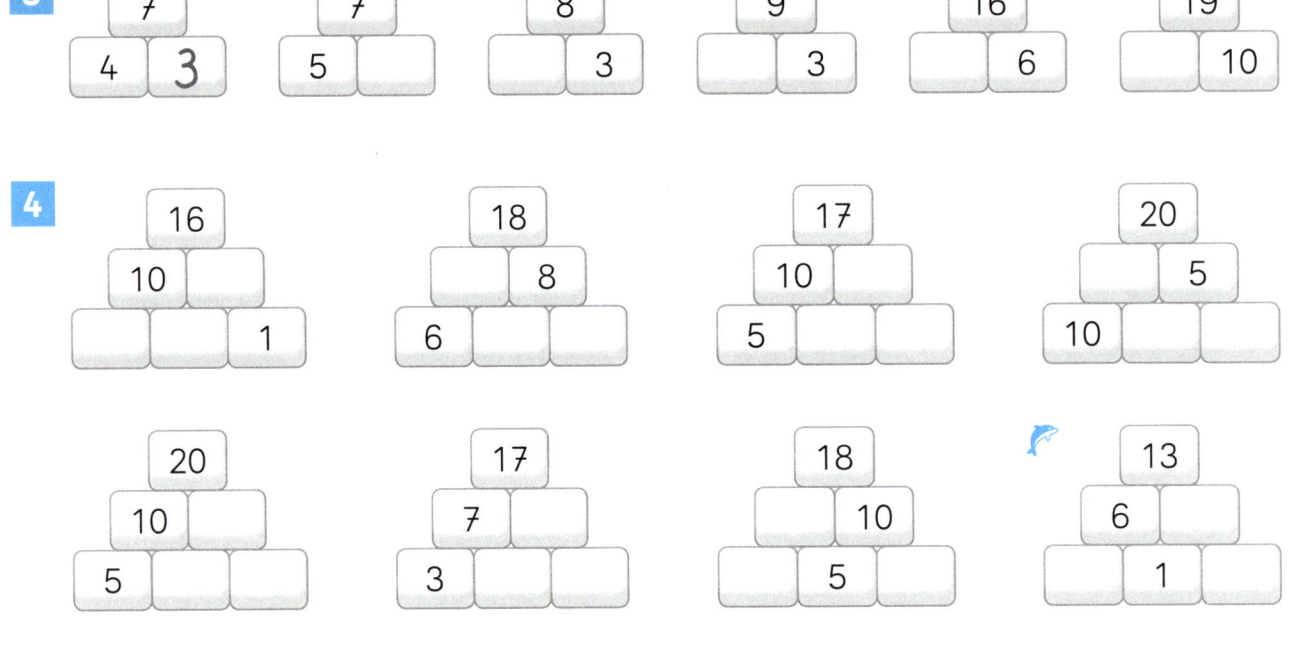

16
10
1

18
8
6

17
10
5

20
5
10

20
10
5

17
7
3

18
10
5

13
6
1

5 Finde passende Zahlen.

14
4

16
6

18
10

20
10

6

1 Erst verdoppeln, dann die Nachbaraufgabe.

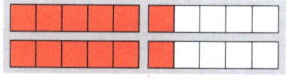 $\underline{6} + \underline{6} =$ ____   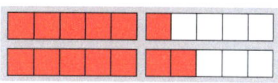   ___ + ___ = ____

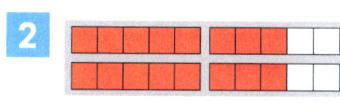 $\underline{6} + \underline{7} =$ ____   ___ + ___ = ____

2   ___ + ___ = ____   ___ + ___ = ____

___ + ___ = ____   ___ + ___ = ____

3 Rechne zuerst eine passende Verdopplungsaufgabe
und dann die Nachbaraufgabe.

| 5 + 6 | 7 + 8 | 6 + 7 | 8 + 9 |

$\underline{5} + \underline{5} =$ ____   ___ + ___ = ____   ___ + ___ = ____   ___ + ___ = ____

5 + 6 = ____   7 + 8 = ____   6 + 7 = ____   8 + 9 = ____

| 6 + 5 | 9 + 8 | 8 + 7 | 7 + 6 |

___ + ___ = ____   ___ + ___ = ____   ___ + ___ = ____   ___ + ___ = ____

6 + 5 = ____   9 + 8 = ____   8 + 7 = ____   7 + 6 = ____

4 Rechne zuerst die Verdopplungsaufgabe und dann die Nachbaraufgaben.

5 + 4 = ____   8 + 7 = ____   7 + 6 = ____   9 + 8 = ____

5 + 5 = ____   8 + 8 = ____   7 + 7 = ____   9 + 9 = ____

5 + 6 = ____   8 + 9 = ____   7 + 8 = ____   9 + 10 = ____

4 + 5 = ____   6 + 7 = ____   8 + 9 = ____   7 + 8 = ____

5 + 5 = ____   7 + 7 = ____   9 + 9 = ____   8 + 8 = ____

6 + 5 = ____   8 + 7 = ____   10 + 9 = ____   9 + 8 = ____

1

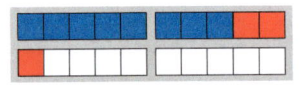

$8 + \underline{2} = \textbf{10}$
$10 + \underline{1} = \underline{}$

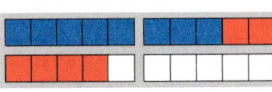

$8 + \underline{} = \textbf{10}$
$10 + \underline{} = \underline{}$

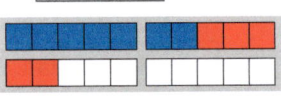

$7 + \underline{} = \textbf{10}$
$10 + \underline{} = \underline{}$

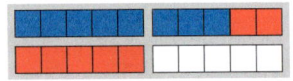

$8 + \underline{} = \textbf{10}$
$10 + \underline{} = \underline{}$

$7 + \underline{} = \textbf{10}$
$10 + \underline{} = \underline{}$

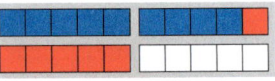

$9 + \underline{} = \textbf{10}$
$10 + \underline{} = \underline{}$

2

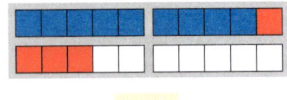

$9 + \underline{} = \textbf{10}$
$\underline{} + \underline{} = \underline{}$

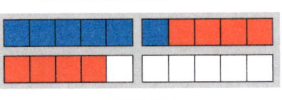

$6 + \underline{} = \textbf{10}$
$\underline{} + \underline{} = \underline{}$

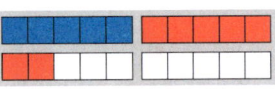

$5 + \underline{} = \textbf{10}$
$\underline{} + \underline{} = \underline{}$

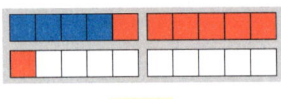

$4 + \underline{} = \textbf{10}$
$\underline{} + \underline{} = \underline{}$

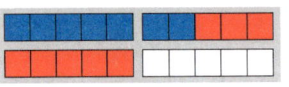

$7 + \underline{} = \textbf{10}$
$\underline{} + \underline{} = \underline{}$

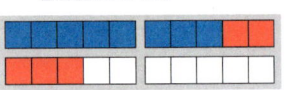

$8 + \underline{} = \textbf{10}$
$\underline{} + \underline{} = \underline{}$

3

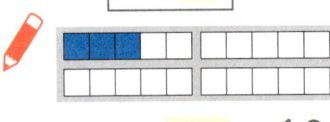

$3 + \underline{} = \underline{10}$
$\underline{10} + \underline{} = \underline{}$

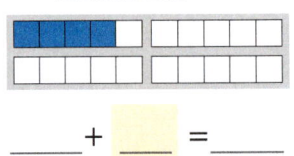

$\underline{} + \underline{} = \underline{}$
$\underline{} + \underline{} = \underline{}$

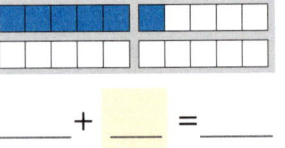

$\underline{} + \underline{} = \underline{}$
$\underline{} + \underline{} = \underline{}$

1 Rechne erst bis zur 10, dann weiter.

| 9 + 2 | 9 + 4 | 9 + 6 | 9 + 8 |

9 + *1* = **10**   9 + ___ = **10**   9 + ___ = **10**   9 + ___ = **10**
10 + *1* = ___   *10* + ___ = ___   *10* + ___ = ___   *10* + ___ = ___

| 8 + 3 | 8 + 5 | 8 + 7 | 8 + 6 |

8 + ___ = **10**   8 + ___ = **10**   8 + ___ = **10**   8 + ___ = **10**
10 + ___ = ___   *10* + ___ = ___   *10* + ___ = ___   *10* + ___ = ___

2

| 4 + 8 | 3 + 8 | 6 + 8 | 7 + 8 |

___ + ___ = ___   ___ + ___ = ___   ___ + ___ = ___   ___ + ___ = ___
___ + ___ = ___   ___ + ___ = ___   ___ + ___ = ___   ___ + ___ = ___

| 4 + 7 | 6 + 7 | 5 + 7 | 5 + 8 |

___ + ___ = ___   ___ + ___ = ___   ___ + ___ = ___   ___ + ___ = ___
___ + ___ = ___   ___ + ___ = ___   ___ + ___ = ___   ___ + ___ = ___

3 Rechne geschickt.

(8 + 2 = 10)   (9 + 1 = 10)
(8 + 2) + 4 = ___   (9) + 5 + (1) = ___   6 + ___ + ___ = 13
7 + 3 + 5 = ___   6 + 7 + 4 = ___   5 + ___ + ___ = 12
4 + 6 + 2 = ___   3 + 2 + 7 = ___   9 + ___ + ___ = 15
5 + 5 + 6 = ___   2 + 7 + 8 = ___   7 + ___ + ___ = 18

4   6 + 6 = ___   9 + 7 = ___   5 + 7 = ___   18 + 4 = ___
    8 + 9 = ___   6 + 8 = ___   9 + 9 = ___   16 + 7 = ___
    7 + 6 = ___   8 + 3 = ___   9 + 3 = ___   18 + 5 = ___
    5 + 9 = ___   4 + 9 = ___   5 + 6 = ___   17 + 8 = ___

1 Rechne zuerst die leichte Aufgabe mit 10.

| 4 + 9 | 6 + 9 | 9 + 7 | 9 + 3 |

$\underline{4} + \underline{10} = \underline{\quad}$ $\underline{6} + \underline{\quad} = \underline{\quad}$ $\underline{10} + \underline{7} = \underline{\quad}$ $\underline{\quad} + \underline{\quad} = \underline{\quad}$

4 + 9 = ____   6 + 9 = ____   9 + 7 = ____   9 + 3 = ____

| 2 + 9 | 9 + 3 | 9 + 6 | 4 + 9 |

$\underline{\quad} + \underline{\quad} = \underline{\quad}$ $\underline{\quad} + \underline{\quad} = \underline{\quad}$ $\underline{\quad} + \underline{\quad} = \underline{\quad}$ $\underline{\quad} + \underline{\quad} = \underline{\quad}$

2 + 9 = ____   9 + 3 = ____   9 + 6 = ____   4 + 9 = ____

2 Verbinde erst mit der passenden Aufgabe mit 10. Rechne dann.

| 5 + 9 = ____ | 8 + 10 = ____ | 9 + 4 = ____ | 10 + 4 = ____ |

| 8 + 9 = ____ | 5 + 10 = ____ | 9 + 5 = ____ | 10 + 7 = ____ |

| 3 + 9 = ____ | 3 + 10 = ____ | 9 + 7 = ____ | 10 + 5 = ____ |

3

  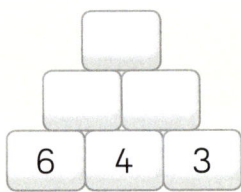 

5 5 2   2 8 1   6 4 3   7 3 6

  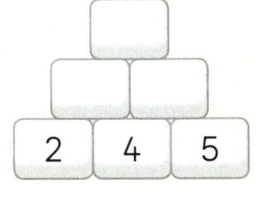

6 5 4   7 2 6   3 6 1   2 4 5

 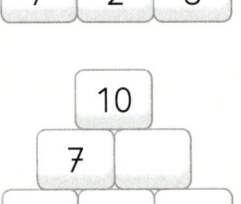  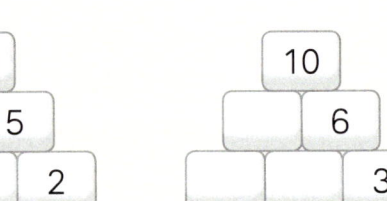

10   10   10   10
5   7   5   6
3   5   2   3

1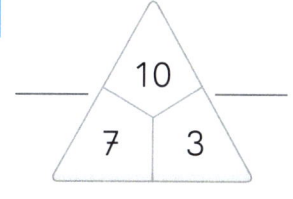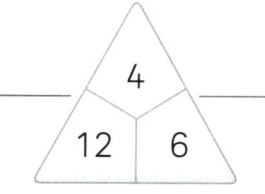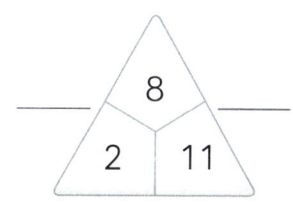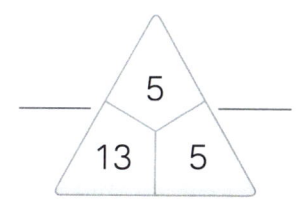

2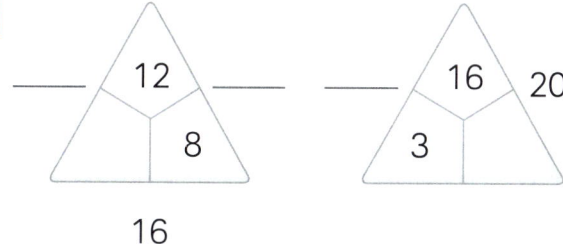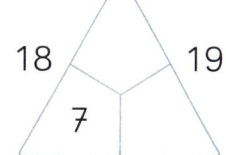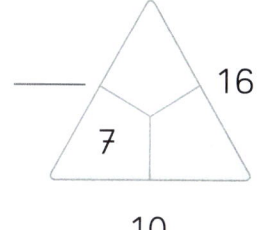

16 _____ _____ 10

 3 Wo passen die Zahlen?

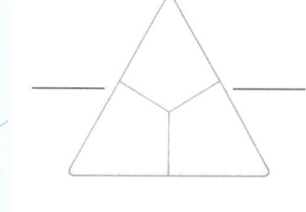 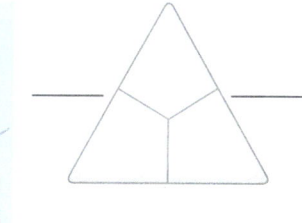

5		5		3
6		6		6
7		8		9
11		11		9
12		13		12
13		14		15

4

5 + 6 = ____	4 + 5 = ____	2 + 8 = ____	3 + 7 = ____	5 + 2 = ____
5 + 7 = ____	4 + 7 = ____	2 + 9 = ____	3 + 8 = ____	6 + 3 = ____
5 + 8 = ____	4 + 9 = ____	2 + 7 = ____	3 + 5 = ____	7 + 4 = ____
5 + 9 = ____	4 + 3 = ____	2 + 6 = ____	3 + 9 = ____	8 + 5 = ____

 5

14

8	+	
5	+	
7	+	
6	+	
9	+	

16

	+	6
5	+	
	+	9
8	+	
	+	0

15

6	+	
	+	5
7	+	
	+	7
9	+	

20

10	+	
15	+	
	+	13
6	+	
	+	2

1

die Pferde

die Schafe

die Schweine

die Blumen

die Enten

die Hunde

die Säcke

die Tüten

die Tauben

der Kohl

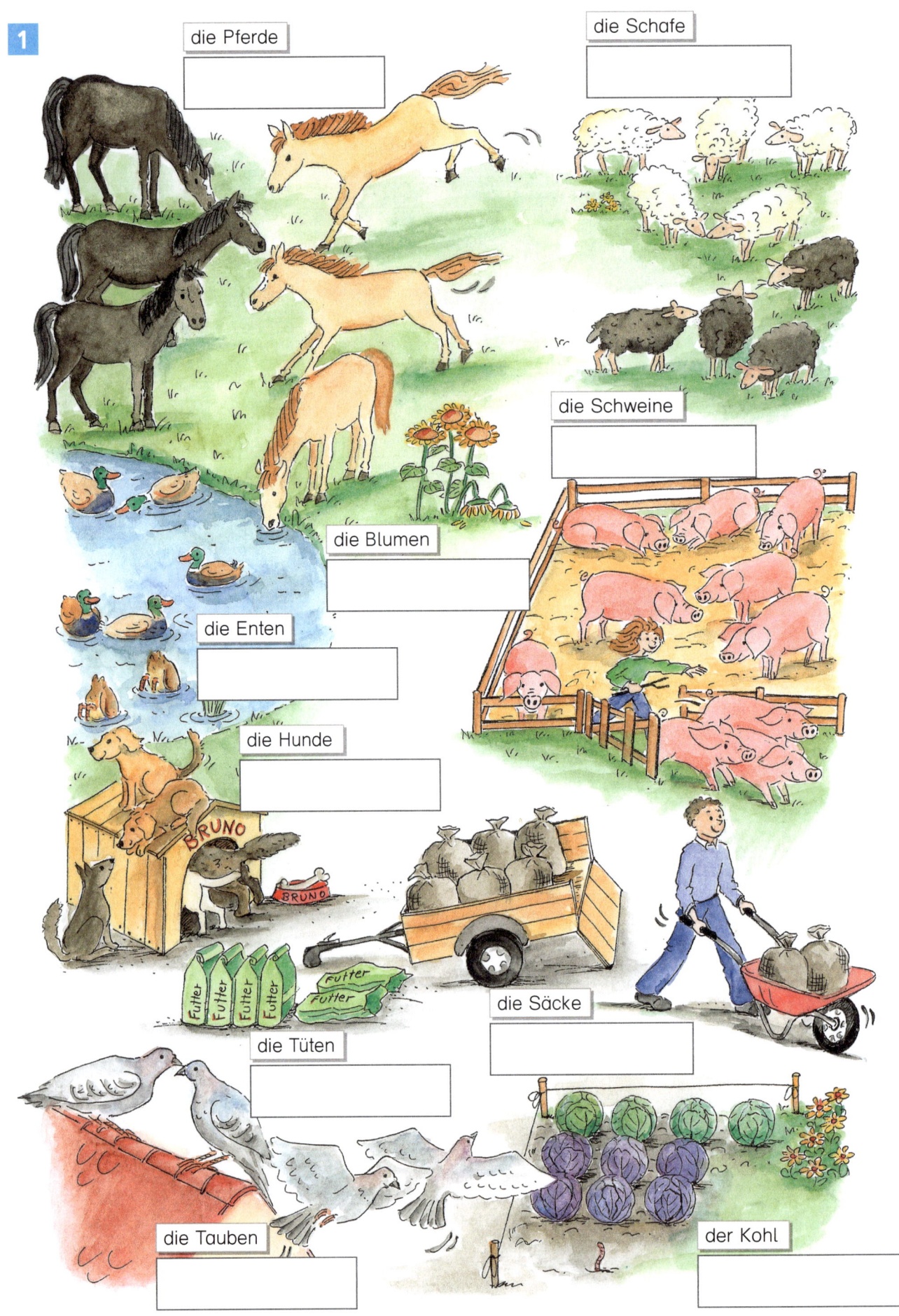

56

Welche Aufgabe passt zum Bild? Kreuze an.

1

○ 8 − 2 = _____
○ 5 − 3 = _____
○ 5 + 3 = _____

○ 6 − 2 = _____
○ 6 + 2 = _____
○ 4 − 2 = _____

2

○ 4 − 4 = _____
○ 9 − 5 = _____
○ 5 − 4 = _____

○ 4 + 2 = _____
○ 2 + 5 = _____
○ 4 − 2 = _____

3

○ 5 − 2 = _____
○ 2 + 4 = _____
○ 2 + 5 = _____

○ 3 − 3 = _____
○ 6 + 3 = _____
○ 6 − 3 = _____

4

○ 5 + 5 = _____
○ 10 + 5 = _____
○ 5 − 5 = _____

○ 4 − 3 = _____
○ 7 + 3 = _____
○ 7 − 4 = _____

5

○ 5 − 2 = _____
○ 3 − 2 = _____
○ 4 + 2 = _____

○ 10 + 8 = _____
○ 8 + 2 = _____
○ 8 − 2 = _____

1

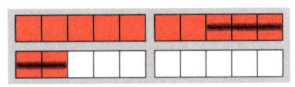

12 − $\underline{2}$ = **10**

10 − $\underline{3}$ = ____

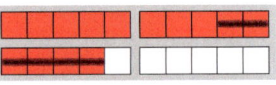

14 − $\underline{4}$ = **10**

10 − ____ = ____

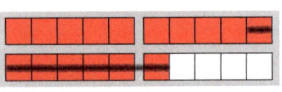

16 − ____ = **10**

10 − ____ = ____

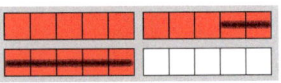

15 − ____ = **10**

10 − ____ = ____

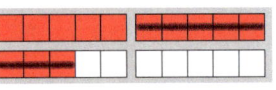

13 − ____ = **10**

10 − ____ = ____

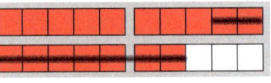

17 − ____ = **10**

10 − ____ = ____

2

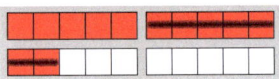

12 − ____ = **10**

$\underline{10}$ − ____ = ____

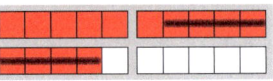

14 − ____ = **10**

____ − ____ = ____

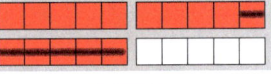

15 − ____ = **10**

____ − ____ = ____

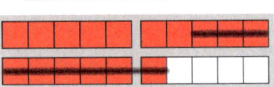

16 − ____ = **10**

____ − ____ = ____

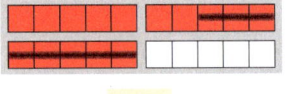

15 − ____ = **10**

____ − ____ = ____

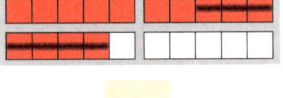

14 − ____ = **10**

____ − ____ = ____

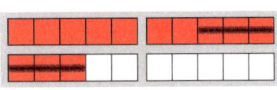

13 − ____ = **10**

____ − ____ = ____

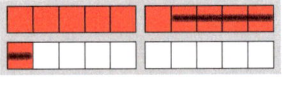

11 − ____ = **10**

____ − ____ = ____

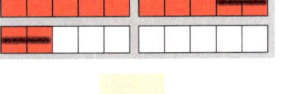

12 − ____ = **10**

____ − ____ = ____

58

1

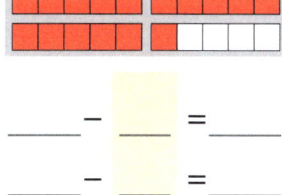

16 − 8

_____ − ___ = _____

_____ − ___ = _____

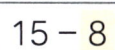 15 − 8

_____ − ___ = _____

_____ − ___ = _____

14 − 8

_____ − ___ = _____

_____ − ___ = _____

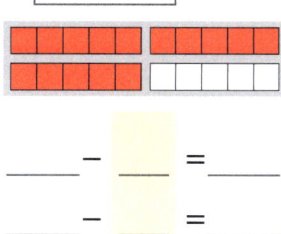

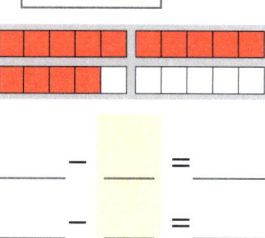

13 − 7

_____ − ___ = _____

_____ − ___ = _____

11 − 6

_____ − ___ = _____

_____ − ___ = _____

12 − 8

_____ − ___ = _____

_____ − ___ = _____

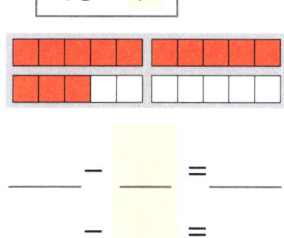

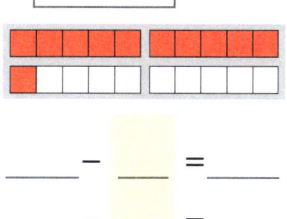

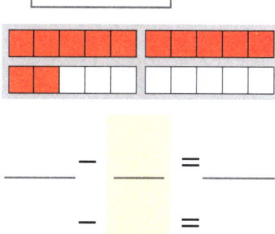

2

13 − 4

13 − _3_ = _10_

_10_ − _1_ = ___

13 − 5

13 − _3_ = _____

_____ − ___ = _____

14 − 6

14 − ___ = _____

_____ − ___ = _____

14 − 5

14 − ___ = _____

_____ − ___ = _____

12 − 5

12 − ___ = _____

_____ − ___ = _____

12 − 3

12 − ___ = _____

_____ − ___ = _____

11 − 2

11 − ___ = _____

_____ − ___ = _____

11 − 4

11 − ___ = _____

_____ − ___ = _____

3 Bis zur 10 zurück. Kreise ein und rechne.

○ ⟨13 − 3 = 10⟩
○

⟨13 − 3⟩ − 2 = _____   15 − 5 − 1 = _____   11 − 1 − 1 = _____   🐬 14 − _____ − 5 = _____

12 − 2 − 4 = _____   17 − 7 − 5 = _____   13 − 3 − 1 = _____   12 − _____ − 3 = _____

14 − 4 − 3 = _____   19 − 9 − 4 = _____   15 − 5 − 3 = _____   18 − _____ − 4 = _____

16 − 6 − 1 = _____   16 − 6 − 3 = _____   17 − 7 − 3 = _____   13 − _____ − 6 = _____

1 Rechne zuerst die leichte Aufgabe mit 10.

| 16 – 9 | | 14 – 9 | | 17 – 9 | | 13 – 9 |

16 – 10 =____   14 – 10 =____   17 – 10 =____   13 – 10 =____

16 – 9 =____   14 – 9 =____   17 – 9 =____   13 – 9 =____

| 15 – 9 | | 11 – 9 | | 18 – 9 | | 12 – 9 |

____ – ____ = ____   ____ – ____ = ____   ____ – ____ = ____   ____ – ____ = ____

15 – 9 =____   11 – 9 =____   18 – 9 =____   12 – 9 =____

2 Verbinde erst mit der passenden Aufgabe mit 10. Rechne dann.

12 – 9 = ____   16 – 10 = ____   11 – 9 = ____   11 – 10 = ____

16 – 9 = ____   12 – 10 = ____   17 – 9 = ____   17 – 10 = ____

3 Schreibe immer Aufgabenfamilien.

| 2 | 7 | 5 | 10 | 8 | 2 | 11 | 2 | 9 | 12 | 4 | 8 |

2 + 5 = ____   ____ + ____ = ____   ____ + ____ = ____   ____ + ____ = ____

5 + ____ = ____   ____ + ____ = ____   ____ + ____ = ____   ____ + ____ = ____

____ – ____ = ____   ____ – ____ = ____   ____ – ____ = ____   ____ – ____ = ____

____ – ____ = ____   ____ – ____ = ____   ____ – ____ = ____   ____ – ____ = ____

4 Welche Zahlen passen? Schreibe immer Aufgabenfamilien.

| 1 | 3 | 5 | 7 | 2 | 6 | 10 | 4 |

____ + ____ = ____   ____ + ____ = ____   ____ + ____ = ____   ____ + ____ = ____

____ + ____ = ____   ____ + ____ = ____   ____ + ____ = ____   ____ + ____ = ____

____ – ____ = ____   ____ – ____ = ____   ____ – ____ = ____   ____ – ____ = ____

____ – ____ = ____   ____ – ____ = ____   ____ – ____ = ____   ____ – ____ = ____

4 Offene Aufgabe: Es gibt jeweils 2 Möglichkeiten.

Schulbuchseite 120

1 Verbinde mit der passenden Aufgabe mit 10.

| 12 – 9 = ____ | 16 – 9 = ____ | 11 – 9 = ____ | 17 – 9 = ____ | 18 – 9 = ____ |

| 16 – 10 = ____ | 12 – 10 = ____ | 18 – 10 = ____ | 11 – 10 = ____ | 17 – 10 = ____ |

2

11 – 10 = ____	12 – 3 = ____	13 – 4 = ____	14 – 9 = ____
11 – 9 = ____	12 – 2 = ____	13 – 6 = ____	14 – 8 = ____
11 – 7 = ____	12 – 7 = ____	13 – 8 = ____	14 – 4 = ____
11 – 8 = ____	12 – 9 = ____	13 – 10 = ____	14 – 7 = ____

15 – 10 = ____	16 – 7 = ____	17 – 8 = ____	18 – 9 = ____
15 – 6 = ____	16 – 8 = ____	17 – 9 = ____	18 – 8 = ____
15 – 8 = ____	16 – 10 = ____	17 – 10 = ____	18 – 10 = ____
15 – 9 = ____	16 – 9 = ____	17 – 7 = ____	18 – 11 = ____

3

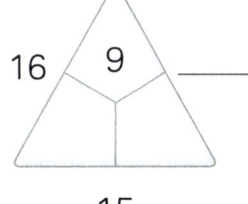
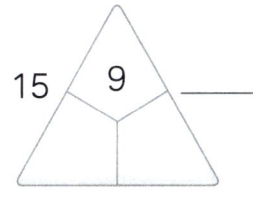
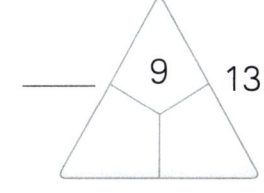
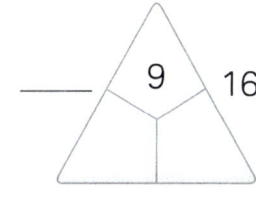

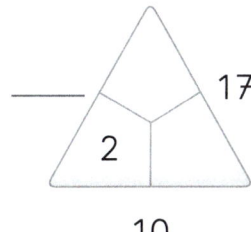
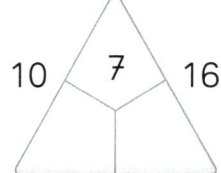
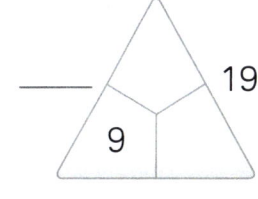
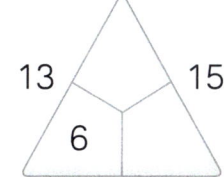

4

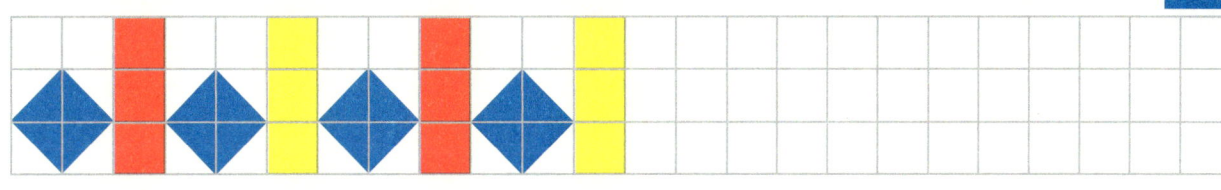

1 Schreibe immer Aufgabenfamilien.

| 2 | 8 | 6 | | 10 | 7 | 3 | | 12 | 3 | 9 | | 14 | 6 | 8 |

____ + ____ = ____   ____ + ____ = ____   ____ + ____ = ____   ____ + ____ = ____

____ + ____ = ____   ____ + ____ = ____   ____ + ____ = ____   ____ + ____ = ____

____ − ____ = ____   ____ − ____ = ____   ____ − ____ = ____   ____ − ____ = ____

____ − ____ = ____   ____ − ____ = ____   ____ − ____ = ____   ____ − ____ = ____

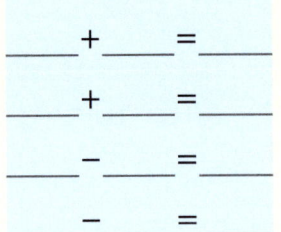

2 Welche Zahlen passen? Schreibe immer Aufgabenfamilien.

| 1 | | 4 | | 3 | | 7 | | 1 | | 6 | | 12 | 4 | |

____ + ____ = ____   ____ + ____ = ____   ____ + ____ = ____   ____ + ____ = ____

____ + ____ = ____   ____ + ____ = ____   ____ + ____ = ____   ____ + ____ = ____

____ − ____ = ____   ____ − ____ = ____   ____ − ____ = ____   ____ − ____ = ____

____ − ____ = ____   ____ − ____ = ____   ____ − ____ = ____   ____ − ____ = ____

3 Welche Aufgaben passt? Kreuze an. ⊗ Rechne.

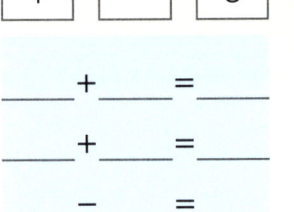

○ $8 - 5 =$ ____

○ $13 - 8 =$ ____

○ $8 + 5 =$ ____

○ $3 + 8 =$ ____

○ $4 + 7 =$ ____

○ $7 - 4 =$ ____

4

$7 + 4 =$ ____ $8 + 4 =$ ____ $5 + 7 =$ ____ $3 + 9 =$ ____

$7 + 6 =$ ____ $8 + 5 =$ ____ $6 + 7 =$ ____ $9 + 6 =$ ____

$7 + 8 =$ ____ $8 + 7 =$ ____ $3 + 7 =$ ____ $8 + 8 =$ ____

$7 + 9 =$ ____ $8 + 6 =$ ____ $9 + 7 =$ ____ $5 + 9 =$ ____

5

$12 - 3 =$ ____ $14 - 6 =$ ____ $15 - 5 =$ ____ $13 - 4 =$ ____

$12 - 4 =$ ____ $14 - 5 =$ ____ $15 - 7 =$ ____ $11 - 5 =$ ____

$12 - 6 =$ ____ $14 - 7 =$ ____ $15 - 8 =$ ____ $14 - 8 =$ ____

$12 - 7 =$ ____ $14 - 9 =$ ____ $15 - 9 =$ ____ $12 - 5 =$ ____

2 Offene Aufgabe: Es gibt jeweils 2 Möglichkeiten.
Schulbuchseite 122

Die Rechentafel

1

+	2	3	4
3	5		
4			
5			

+	2	1	0
8			
7			
6			

+	6	5	4
2			
12			
11			

2

+	5	3	0
5			
15			
14			

+	7	8	9
7			
8			
9			

+		9	
10			
5			13
4	14		

3

−	3	4	5
9	6		
8			
7			

−	6	7	8
8			
18			
9			

−	1	3	5
10			
15			
20			

4

−	3	4	5
14			
13			
18			

−	6	7	8
16			
15			
14			

−		8	
17	10		
18			
10			5

5 Kontrolliere. In jeder Rechentafel sind acht Fehler.

+	4	0	5	3	6
4	8	4	10̶	7	11
12	16	12	18	15	18
13	16	13	18	16	19
2	6	2	7	4	8
9	12	9	13	12	16

−	5	1	7	0	6
19	14	18	11	19	13
17	12	17	10	17	12
7	2	6	1	7	1
8	3	7	1	8	3
20	15	1	13	10	12

1

4 + ___ = ___   ___ + ___ = ___   ___ + ___ = ___

2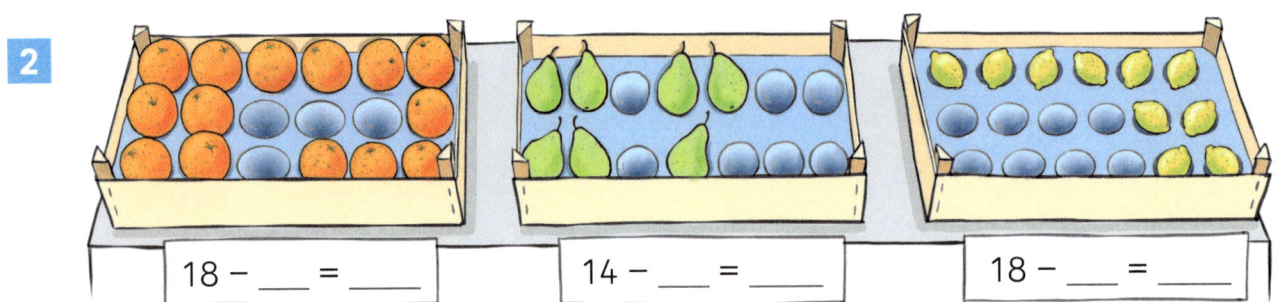

18 – ___ = ___   14 – ___ = ___   18 – ___ = ___

3 Welches Bild passt zur Aufgabe? Kreuze an.

9 – 5 = ___

4 12 – 6 = ___

 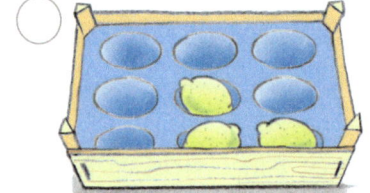 

5 16 – 9 = ___

1 Was ist mehr wert? Kreuze an.

2 Wie viel Geld ist in jeder Geldbörse?

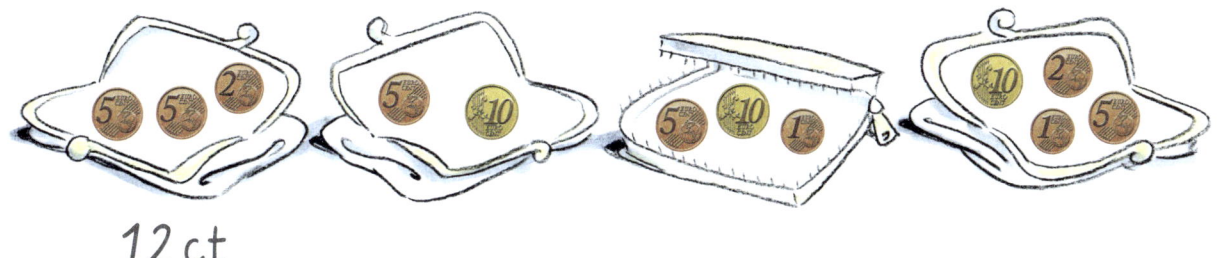

12 ct   _____   _____   _____

_____   _____   _____   _____

3 Lege und zeichne Münzen.

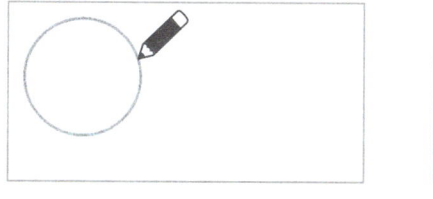

6 ct

14 ct

8 ct

16 ct

15 ct

17 ct

1 Wie viel Geld hat jedes Kind?

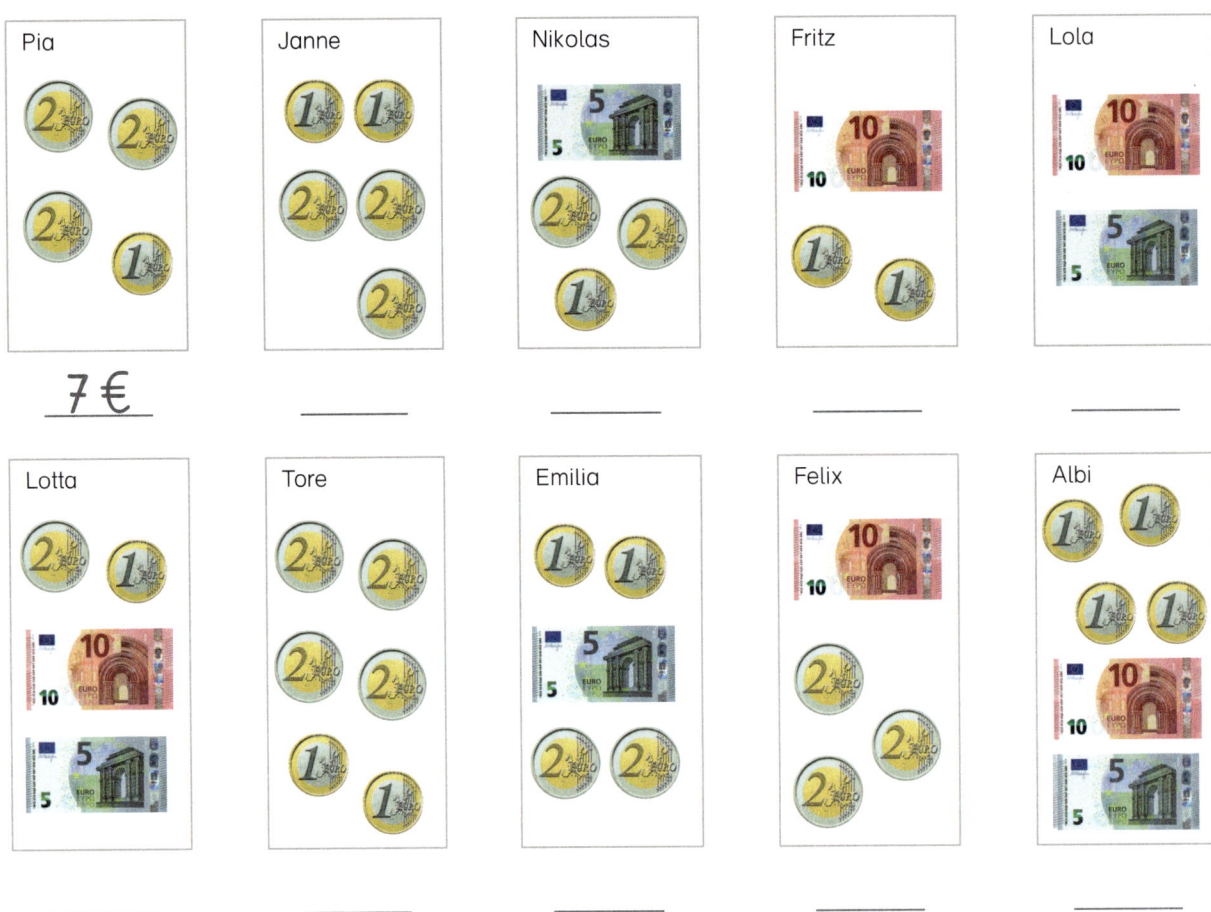

Pia   7 €

Janne   _____

Nikolas   _____

Fritz   _____

Lola   _____

Lotta   _____

Tore   _____

Emilia   _____

Felix   _____

Albi   _____

Welche Kinder haben gleich viel Geld? _____ und _____

2 Lege und zeichne Scheine und Münzen.

8 €

12 €

15 €

16 €

19 €

20 €

66

1 Wie kannst du bezahlen?
Lege und zeichne verschiedene Möglichkeiten.

__9__ €

_____ €

2 Wie viel kostet es jeweils zusammen?

2 € +   € =   €

_____

_____

_____

_____

_____

3 Du hast 15 €. Was würdest du kaufen?

3 Offene Aufgabe: Verschiedene Spielsachen einkaufen.

1 So kommen die Kinder der Klasse 1a zur Schule.
Lies ab und trage in die Tabelle ein.

☐ 1 Kind

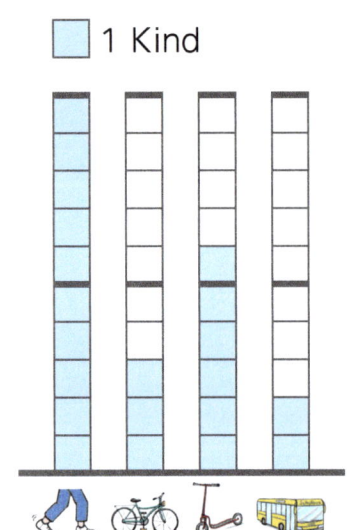

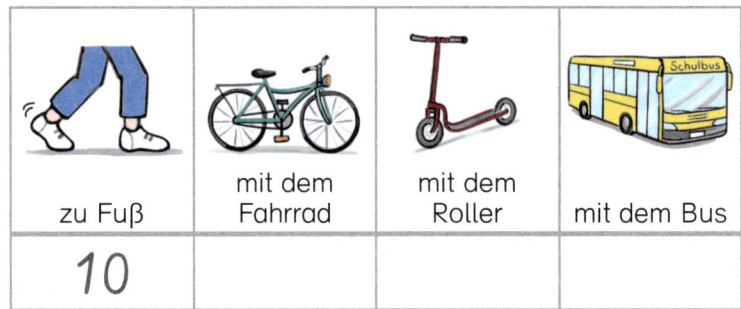

zu Fuß	mit dem Fahrrad	mit dem Roller	mit dem Bus
10			

Die meisten Kinder kommen

_____ zur Schule.

2 So kommen die Kinder der Klasse 1b zur Schule.
Zeichne ein Säulendiagramm.

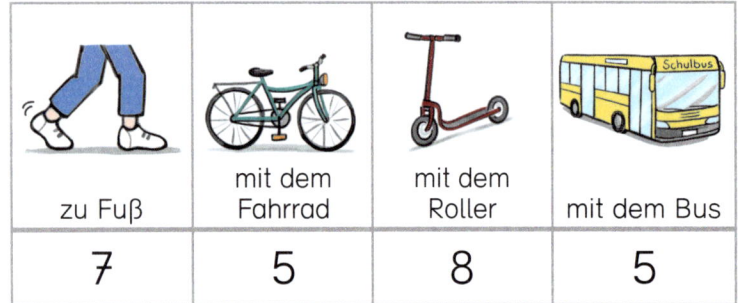

zu Fuß	mit dem Fahrrad	mit dem Roller	mit dem Bus
7	5	8	5

☐ 1 Kind

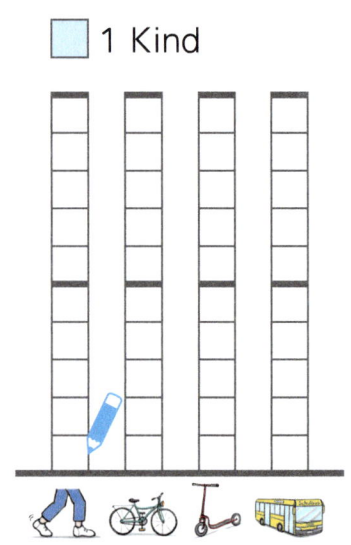

Die meisten Kinder kommen

_____ zur Schule.

68

Die Kinder basteln mit Emma Vögel.

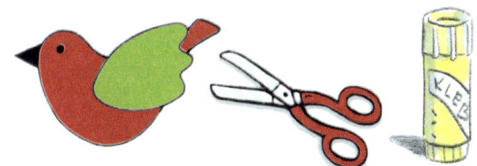

1 Sie können zwischen  und wählen.
Wie können sie die Farben für Körper und Flügel kombinieren? Male an.

Die Kinder haben _____ Möglichkeiten.

2 Nun wählen die Kinder zwischen  und .

Die Kinder haben _____ Möglichkeiten.

3 Welche Farben für Körper und Flügel hatten die Kinder zur Auswahl?

Ergänze die fehlenden Möglichkeiten. Male an.

1

_9_ Uhr   ____ Uhr   ____ Uhr   ____ Uhr

____ Uhr   ____ Uhr   ____ Uhr   ____ Uhr

   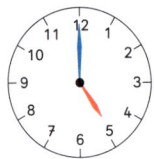      

____ Uhr   ____ Uhr   ____ Uhr   ____ Uhr

2 Zeichne den Stundenzeiger.

   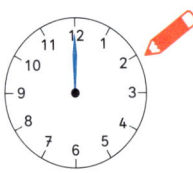      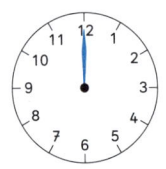   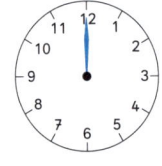

5 Uhr   7 Uhr   12 Uhr   8 Uhr   1 Uhr

         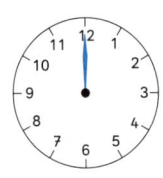   

6 Uhr   2 Uhr   10 Uhr   3 Uhr   9 Uhr

3

6 + 7 = ____	11 + 4 = ____	8 + 8 = ____	9 + 7 = ____
8 + 4 = ____	12 + 3 = ____	7 + 7 = ____	9 + 2 = ____
6 + 5 = ____	14 + 3 = ____	6 + 6 = ____	9 + 4 = ____
5 + 7 = ____	17 + 2 = ____	9 + 9 = ____	9 + 8 = ____

70

1 Trage die fehlenden Zahlen ein.

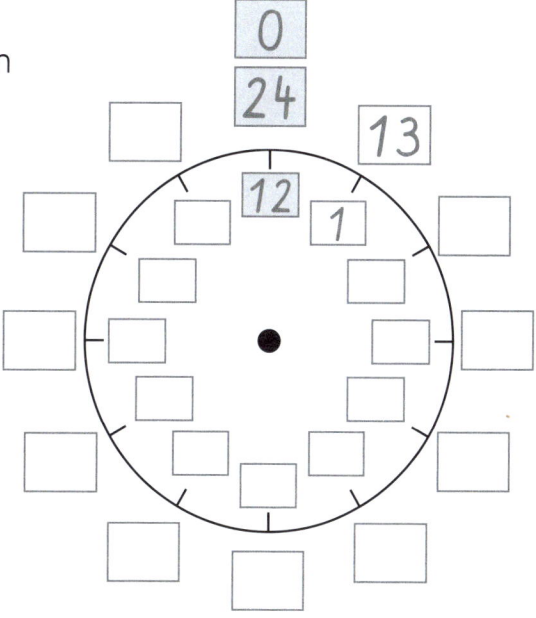

2

7 Uhr
19 Uhr

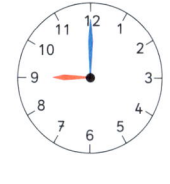
_____ Uhr

_____

_____

3 Trage die fehlenden Uhrzeiten ein. Zeichne die Zeiger ein.

9 Uhr
21 Uhr

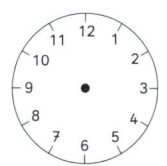
_____
15 Uhr

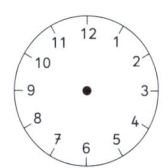
5 Uhr
_____

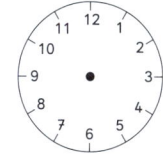
_____
22 Uhr

4 Verbinde.

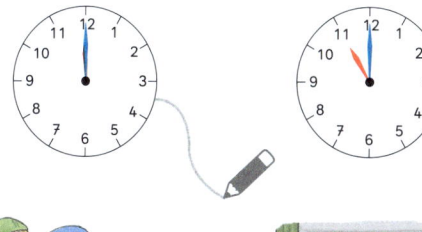

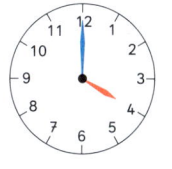

Sachrechnen – Im Schwimmbad

Öffnungszeiten

Montag bis Freitag
10 Uhr bis 19 Uhr

Samstag und Sonntag
10 Uhr bis 20 Uhr

Preise

Erwachsene   4,00 €
Kinder   2,00 €

1 Leo geht mit seinen zwei Freunden und seiner Mutter ins Schwimmbad.
Wie viel Eintritt müssen sie bezahlen?

_____

Sie bezahlen _____ .

2 Zeichne die Zeiger ein.

Wann öffnet das
Schwimmbad am Dienstag?

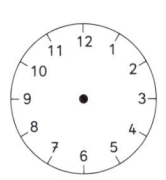

Wann schließt das
Schwimmbad am Freitag?

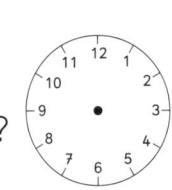

3 Das Schwimmbad hat am Freitag

____ Stunden geöffnet.

Das Schwimmbad hat am Sonntag

____ Stunden geöffnet.

4 In Leos Klasse können schon einige
Kinder schwimmen.

Lies ab, zeichne und kreuze an.

🏊	🏊
7	9

Die meisten Kinder

◯ können schwimmen.

◯ können nicht schwimmen.

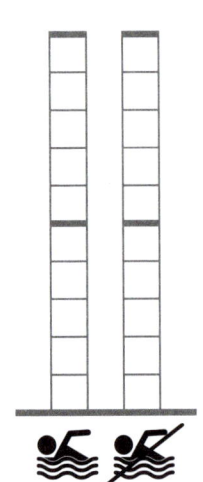

72

Schulbuchseite 142